U0592757

经济管理学术文库·经济类

环境成本与旅游可持续发展

Environmental Cost and
Sustainable Development of Tourism

黄强叶／著

经济管理出版社
ECONOMY & MANAGEMENT PUBLISHING HOUSE

图书在版编目（CIP）数据

环境成本与旅游可持续发展／黄强叶著. -- 北京：
经济管理出版社，2024. -- ISBN 978-7-5096-9978-2

Ⅰ. F590

中国国家版本馆 CIP 数据核字第 20243BY504 号

组稿编辑：杨　雪

责任编辑：杨　雪

助理编辑：王　蕾

责任印制：许　艳

责任校对：王纪慧

出版发行：经济管理出版社

　　　　　（北京市海淀区北蜂窝 8 号中雅大厦 A 座 11 层　　100038）

网　　　址：www. E-mp. com. cn

电　　　话：(010)51915602

印　　　刷：北京晨旭印刷厂

经　　　销：新华书店

开　　　本：720mm×1000mm /16

印　　　张：10. 75

字　　　数：211 千字

版　　　次：2024 年 10 月第 1 版　　　2024 年 10 月第 1 次印刷

书　　　号：ISBN 978-7-5096-9978-2

定　　　价：88. 00 元

前　言

　　旅游活动是受时间与收入双重约束的经济活动，旅游均衡呈现同一般均衡不同的规律。第二次世界大战结束以后，旅游活动的双重约束都有了放松的趋势，世界经济的发展和休假制度的改革使人均可支配收入水平提高、人们闲暇时间延长，潜在的旅游需求逐渐转化成为现实的旅游需求，世界旅游经济进入一个高速发展时期。随着旅游经济的高速发展，传统旅游发展模式的弊端日益显现，长期累积的旅游负面效应引发了一系列的环境问题，如环境污染、生态恶化、景观破坏、资源浪费等。旅游实践上的困境引发了人们对传统旅游线性发展模式的反思，旅游可持续发展的研究也逐渐成为学术界关注的焦点。本书从旅游环境成本的视角研究中国旅游可持续发展问题。

　　从理论研究来看，目前有关旅游环境成本的研究成果极度匮乏。本书结合旅游可持续发展相关的研究成果，基于对目前旅游发展实践的分析，得出以下基本结论：导致目前旅游不可持续发展的根本原因在于对旅游资源价值和旅游环境成本的认识存在偏差。传统观点认为，旅游资源属于大自然的产物和前人历史遗存的结晶，同当代人的劳动关系不大，因此旅游资源是无价或者低价值的，旅游活动引发的环境成本也属于外部性成本，没有纳入旅游宏观和微观决策框架。改变传统观点的认识需要理论上的变革。本书详细分析了旅游资源价值和旅游环境成本问题，从以下几个方面提出实现旅游可持续发展的解决方案：第一，实现旅游环境成本内生化的目标，拓展对旅游外部性的认识。分析了旅游活动的连带外部效应，并提出旅游环境成本内生化的政策建议。第二，以循环经济理论及其实践应用为基础，结合旅游活动和旅游资源的特殊属性，构建了旅游循环经济发展模式和框架。第三，分析了代际问题的悖论，传统的代际理论和实证研究都没有解决代际标准的界定问题，本书尝试一种替代方案来解决代际悖论，即双重有差别的旅游资源管理模式。

　　本书预期创新主要有以下几点：第一，本书基于旅游环境成本的视角研究中国旅游可持续发展问题，探索实现旅游可持续发展的途径，在国内尚属首次。第二，本书拓展了传统外部性问题的分析框架，指出旅游环境问题的外部性体现在时间和空间两个维度上，即代际外部性和代内外部性，并分析了旅游活动的连带

环境成本与旅游可持续发展

外部效应。第三，本书提出采用双重管理模式对旅游资源进行代际管理，以实现旅游可持续发展和代际公平的目标。第四，本书提出旅游资源环境容量价值化的观点，建立完善的旅游资源市场体系。

希望本书的研究能够为中国旅游可持续发展提出具有理论意义和实践价值的对策和建议。

2

目　录

1 绪 论

1.1 问题的提出与研究背景

1.1.1 改革开放后中国旅游经济的发展及趋势

第二次世界大战（以下简称二战）结束之后，总体政治形势和世界局势趋于缓和，和平与发展逐渐成为世界的主流。一方面，全球经济由于处在一个相对稳定的政治环境而获得长足的发展，人们的可自由支配收入水平不断提高。另一方面，从人类生产力发展的历史来看，人类的工作时间与闲暇时间存在着此消彼长的关系，随着生产力的每一次进步，闲暇时间都会增加，二战后这种趋势尤为明显。从实践上来看，二战后世界各国休假制度的改革使人们的闲暇时间普遍增多。

旅游经济学认为，旅游活动不同于其他单一约束的经济活动，是一种时间成本较高的经济活动，或者说是一种时间硬约束的经济活动，除了受到收入约束之外，旅游活动受时间约束更为明显[①]，属于一种典型的时间—收入双重约束的经济活动（有别于传统经济学的均衡分析）[②]。由以上分析可知，二战后旅游经济活动的双重约束都有一种放松的趋势，潜在的旅游需求逐渐转化为现实的旅游需求，引致旅游需求旺盛，技术的变革也为旅游经济的高速发展提供了条件和媒介，世界旅游经济进入一个高速发展的黄金时期，发展势头强劲，特别是 20 世纪 60 年代以后，旅游经济在相当长的时期内维持高速增长，西方经济发达国家的旅游活动进入到大众化发展时期，参与旅游活动的人数日益增多，旅游活动方

---

① 李仲广. 旅游经济学——模型与方法 [M]. 北京：中国旅游出版社，2006.

② 由于旅游活动受到收入、时间的双重约束，因此旅游均衡状态呈现分段函数的特征。在收入水平比较低的阶段，旅游均衡主要由收入约束决定；随着可支配收入水平的提高，时间约束逐渐取代收入约束起主要决定作用。例如，中国目前的旅游黄金周实践属于后一种情况，收入约束退居次要地位，旅游均衡主要受居民休假制度影响，供求矛盾主要体现在高度集中的旅游需求和相对刚性的旅游供给能力的冲突。因此，要改善旅游黄金周产生的弊端，措施之一是可以考虑从改革休假制度着手，从而优化时间约束。

式逐渐多样化。

　　总体来说,随着中国改革开放的进行,旅游活动的经济功能逐渐显现,中国旅游市场的客源国增多、涉及面广,旅游逐渐成为一个独立的产业部门,成为第三产业的龙头和新增长极,旅游产业在国民经济体系中的地位日益重要,发挥着创造就业、拉动相关产业发展、增加财政收入等作用。进入 21 世纪后,尤其是最近十年中国旅游业获得了长足的发展(由于新冠疫情而中断)。中国最近十年旅游发展总体状况如表 1-1 所示。

表 1-1　中国最近十年旅游发展总体状况

年份	入境旅游人次(亿人次)	同比增长(%)	国际旅游收入(亿美元)	同比增长(%)	国内旅游人次(亿人次)	同比增长(%)	国内旅游收入(万亿元)	同比增长(%)
2023	0.82	-35.0	530	33.5	48.91	93.3	4.91	140.7
2022	1.26	293.8	397	90.8	25.30	-22.1	2.04	-30.1
2021	0.32	18.5	208	23.1	32.46	12.7	2.92	30.9
2020	0.27	-81.3	169	-87.1	28.79	-52.0	2.23	-61.1
2019	1.45	2.8	1313	3.3	60.06	8.4	5.73	11.7
2018	1.41	1.4	1271	3.0	55.39	10.8	5.13	12.5
2017	1.39	0.7	1234	2.8	50.01	12.8	4.57	16.0
2016	1.38	3.0	1200	5.5	44.35	11.1	3.94	15.2
2015	1.34	4.7	1137	99.8	39.90	10.5	3.42	12.9
2014	1.28	—	569	—	36.11	—	3.03	—

资料来源:笔者根据国家统计局、文化和旅游部统计资料汇总。

　　由表 1-1 可以看出中国最近十年旅游发展的基本趋势。总体来说,中国旅游业呈现高速发展的态势,国内旅游收入和国内旅游人次同比增长一般达到了 10% 以上,国际旅游市场的发展相对滞后于国内旅游的发展,基本符合旅游发展规律①。

---

　　①　由于 2020 年开始的全球范围内新冠疫情的突发,当年的中国旅游市场受到严重影响,呈现断崖式下跌,以国际旅游市场为甚。疫情结束后,旅游市场的恢复呈现报复性增长的态势。

21 世纪以来，中国旅游发展迅速，成为国家战略性支柱产业和民生产业。中国旅游发展的主要特点和趋势为：第一，多元化的旅游市场初步形成。入境旅游方面，中国加强了双多边合作，通过举办旅游年活动和设立海外中国文化中心等措施，推动了中外游客互访和文明互鉴，优化了入境旅游环境；出境旅游方面，中国已成为国际旅游最大的客源国，有 144 个国家和地区成为中国公民组团出境旅游目的地，这极大地促进了中华文明的传播；国内旅游市场方面，中国国内旅游市场持续扩大，多部门提出了分类指导旅游目的地、扩大旅游消费市场基础、以"生活+旅游"拓展供给新空间、以"文化和科技"创新旅游业高质量发展动能等发展建议。

第二，旅游发展促进区域经济增长。旅游业作为国民经济的重要组成部分，对区域经济的增长起到了显著的推动作用。根据国家统计局公布的数据，2022年全国旅游及相关产业增加值为 44672 亿元，占国内生产总值（GDP）的比重为 3.71%，比上年下降了 0.25 个百分点。这一数据反映了旅游产业在国民经济中的重要地位。旅游产业虽然受到了新冠疫情的影响，但是其仍然是经济增长的重要推动力。旅游业有助于缩小不同地区之间的发展差距，特别是对于中西部和边远地区，旅游发展有效缩小了其与东部地区的经济差距，并塑造了众多享誉世界的旅游目的地，如云南丽江、贵州梵净山、西藏拉萨、新疆喀纳斯湖等。旅游业的发展推动了区域经济结构的优化和升级，带动了相关产业链的发展，促进了产业多元化，为区域经济注入了新的活力。旅游业的发展往往需要配套的基础设施支持，如交通、住宿、信息服务等，这些基础设施的建设和完善，进一步促进了区域的综合发展。旅游业的发展强调生态保护和可持续发展，有助于推动区域实现绿色发展和生态文明建设。

第三，旅游发展促进民族交往与文化融合。旅游通过推动各民族的交往、交流、交融，增强了中华民族共同体意识。旅游发展不仅让游客感受到中华文化的多样性和丰富性，还促进了民族文化的传承和创新。例如，旅游演艺项目和旅游目的地的打造，使游客可以更深入地了解和体验各民族的文化，通过旅游，人们可以更好地了解和体验中华文化，增强文化自信和民族自豪感。旅游成为推进中国式现代化、对话世界的重要舞台，通过入境旅游、出境旅游和旅游外交讲好中国故事，有助于在全球互动中推进文明互鉴。

第四，旅游发展提升人民生活质量。随着大众旅游时代的到来，旅游活动已成为民众生活的重要组成部分，旅游与日常生活的界限日渐模糊。旅游业的发展为人们提供了丰富的休闲和娱乐选择，使人们能够在工作之余放松身心、享受生活。旅游产业的兴旺带动了就业机会的增加，包括酒店、餐饮、交通、导游等多个领域的工作机会，从而提高了人民的收入水平。旅游活动，特别是生态旅游、乡村旅游等，鼓励人们走向户外、享受自然，有助于提高人们的身体健康。旅游可以是一种教育手段，让人们在旅行中学习新知识，了解历史、地理和科学等，特别是对儿童和学生的教育具有重要意义。旅游参与构建了人们的幸福生活，成为实现自我精神解放的重要途径之一。

综上所述，21世纪的中国旅游发展不仅在经济上取得了显著成就，还在社会文化、区域发展、民族交往以及提升人民生活质量等方面发挥了重要作用。

不可否认的是，中国旅游产业的发展虽然基本遵循传统工业发展模式的思路，依靠资金高投入、资源高利用来获得数量型的增长，但是长期的累积效应引发了一系列的环境问题，影响旅游产业的经济效益和可持续发展。

中国旅游发展在带来显著经济和社会效益的同时，也存在一些消极影响。以下是一些主要问题：①旅游资源破坏。近年来，中国旅游资源遭破坏、旅游区环境质量下降等问题日益突出。例如，内蒙古锡林郭勒草原被越野车队碾轧，导致草地植被严重破坏。此外，八达岭长城等著名景区也频繁出现游客刻字涂鸦的现象。部分游客的不文明行为不仅破坏了旅游资源，还影响了旅游业的持续发展。②立法滞后和不完善。中国缺乏专门的旅游资源保护法，现有法律法规存在交叉重叠，可操作性和技术性较差，导致管理难以实施。尽管有《中华人民共和国文物保护法》等相关法律法规，但在实际操作中，处罚力度往往不够，难以起到有效的震慑作用。而《旅游资源保护暂行办法》条款过于简单，对破坏旅游资源行为的处罚也十分模糊。③景区环境质量下降。随着游客数量的增加，部分景区的环境卫生和设施维护面临巨大压力。④低端化发展。一些传统旅游地和中小型旅游企业陷入低端化和逆向发展的困境，产品体系更新停滞，形象美誉度降低，业态低端化集聚，运营勉强维持。⑤旅游公共设施存在压力。随着旅游市场的火爆，一些知名旅游目的地和网红城市常常出现爆满现象，导致景区基础设施压力巨大，接待服务压力增加，游客体验下降。⑥生态保护与旅游发展存在矛盾。在一些生态旅游项目中，生态保护与旅游开发之间的矛盾仍然存在。如何在保护生态环境的同时合理利用生态资源，是一个需要解决的问题。

从世界旅游业的发展趋势来看，随着人们可支配收入水平的提高和旅游环境意识的增强，旅游者更加注重环保、生态、自然、健康的旅游方式，追求人与自然的和谐统一，倡导绿色旅游消费，重视对生态环境的需求，生态环境作为最基本的旅游资源日益受到重视，中国旅游经济发展的模式逐渐由传统的线性发展模式转向可持续发展模式，以效益型增长代替数量型增长，实现经济效益、环境效益和社会效应的和谐统一。

1.1.2 旅游发展带来的环境问题

旅游产业作为国民经济的重要组成部分，一方面，发挥着提供就业岗位、创汇、增加财政收入等积极效应；另一方面，由于长期线性发展模式累积效应的负面影响，各种环境问题开始出现，影响到旅游可持续发展的进行。按照旅游活动发展的时间顺序，主要呈现以下几个方面的问题。

1.1.2.1 旅游开发的决策环节对环境问题的忽视

严格意义上来说，在旅游开发前并不会造成环境破坏问题。但是在旅游开发的前期，旅游开发的相关主体如经营者、规划者、政府管理部门等在旅游开发可行性研究、旅游规划、市场调研等环节可能会忽视旅游环境保护，在旅游规划过程中片面追求经济效益，忽视对社会效益、生态环境效益的研究与考察，很少关注旅游开发项目对环境影响的评估，或者是考虑到环境影响也仅流于形式，局限于一些原则性的要求，没有提出具有可操作性的建议和措施，导致在旅游开发前就进入一个误区。在这些旅游规划指导下的旅游开发，必将对环境造成深远的、潜在的负面影响。

1.1.2.2 旅游开发建设和经营过程中的环境问题

在旅游开发建设过程中，旅游目的地政府管理部门受传统政绩观的制约，主要关注一些经济指标，如增加固定资产投资、扩大就业、增加地方财政收入等指标，倾向于一些投资额度大的项目，而这些项目正是对环境破坏较大的项目。旅游承包经营者出于追逐利润动机的需要，也往往倾向于一些短期行为，如掠夺性开发、超环境负荷运营等。在短期利润的驱使下，旅游经营者没有对旅游区的环境承载容量进行必要的考察，使旅游区人满为患，尤以黄金周期间为甚；同时大量兴建质量低劣的人造景观，许多景区存在着人工化、城市化、商业化等违背旅游发展规律的倾向。这就破坏了旅游目的地原有的历史、人文、民族风格。在这些因素的交织影响下，一些景区景观质量退化，甚至导致旅游景观的丧失，旅游者的需求得不到有效的满足。

旅游相关利益主体在经济利益的驱使下，掠夺性地开发旅游资源。由于在目前的条件下，对旅游资源价值的评估方法不太科学、不完善，这就决定了旅游主体在评价旅游经济效益时，一般也仅局限于实际发生的成本和收益对比，忽视了旅游资源价值的存在，对开发旅游资源的机会成本重视不足，对旅游开发的环境成本缺乏必要的评估，由此导致一系列的环境问题。

1.1.2.3 旅游活动造成的环境问题

（1）对地表和土壤的影响。如露营、野餐、徒步等都会对土壤造成严重的人为干扰，土壤受到冲击，生物因子等都会随之发生变化。

（2）对植物的影响。由于兴建宾馆、停车场或其他旅游设施，大面积的地表植被被剔除，甚至使用客土，使植物种类减少。

（3）对动物的影响。如西双版纳的野象谷，大规模游客的进入影响了野象的生活规律。还有动物成为游客猎食的目标，造成这些族群数量的下降甚至绝迹。除了吃之外，游客还喜欢购买野生动物的相关制品，如动物毛皮、象牙等。

（4）对水体环境的影响。旅游船舶的油污、游客制造的垃圾等造成水体污染。

（5）对大气环境的影响。交通工具所排放的大量废弃物、空调过度使用和取暖排放物等对空气产生污染。

（6）对环境卫生的影响。游客的不文明旅游行为，如乱丢垃圾等。

（7）对环境美学的影响。旅游业的不合理开发建设，如过度商业化等。

（8）对社会文化环境的影响。对文物古迹的破坏，对当地居民的价值观和生活习惯的影响，传统文化的过度商业化，诱发主客矛盾等。

综上所述，旅游活动对环境造成的危害是多方面的，包括对地表和土壤、植物、动物、水体环境、大气环境、环境卫生、环境美学和社会文化环境等方面的影响。因此，有必要对于旅游污染环境的主要途径及其特殊性做总结，归纳出旅游影响环境的基本规律，从而为从旅游管理角度加强环境保护提供依据。

1.1.3 问题的提出

传统经济学认为，生产要素包括土地、劳动、资本，隐含着自然资源是无限的、无价值的，可以取之不竭，用之不尽这样的前提条件。工业革命以后的经济发展就是在这种经济价值观、伦理观的引导下进行的，在创造大量物质财富的同时，也导致了环境污染、生态退化、资源衰竭等不可持续发展的现象产生。进入21世纪，仍有一些国家或地区片面追求经济效益，奉行以生产过程末端治理为主要特征的线性生产模式。分析该模式的理论依据，前期是庇古的外部效应内生化理论，主张通过征收庇古税来达到减少污染排放的目的；后期主要是科斯定理，认为只要产权清晰的条件具备，就可以通过谈判方式解决环境污染问题，并且可以达到帕累托最优配置。后来学术界又产生了环境库兹涅茨曲线理论等。这些理论为早期的环境经济学实践提供了理论基础，即"污染者付费原则"的确定。按照这些理论建立的发展范式曾经对遏制环境污染的迅速扩散发挥了积极的作用，但没有从根本上改变环境恶化、资源枯竭的局面。因此，面对赖以生存的各种资源日益枯竭、环境日益恶化的现状，人们开始进行反思，逐渐认识到这些问题的严重性，如果任凭这种以末端治理为特征的线性生产方式继续，最终会影响到人类的生存质量，甚至会引发生存危机。在这样的大背景下，可持续发展的思想应运而生，理论研究也如火如荼地进行，并逐渐细化到各个行业领域。

旅游业已经成为世界上发展最快、规模最大的产业之一，同时也是与环境联系最密切的产业。随着旅游产业规模的扩大，旅游对资源和环境的负面影响日益表现出来，包括就业环境的恶化、传统文化价值的衰退、景区自然景观的环境破坏等。这些不利于旅游可持续发展的影响主要是由旅游资源的过度开发、旅游基础设施的盲目建设、无节制的交通运输以及日益扩大的旅游活动产生的污染和浪费所造成的。从经济学理论分析，其主要症结在于：在传统经济学范畴内没有旅游资源价值的理念，导致现实旅游经济发展过程中对资源价值的忽视，掠夺性开发旅游资源，从而导致种种旅游不可持续发展现象出现。在倡导可持续发展的今天，旅游业的可持续发展问题也逐渐引起各国政府和学术界的关注和重视。

正是在这样一个大背景下，本书主要基于环境成本的视角对旅游可持续发展进行研究。本书以可持续发展理论为指导，以经济学的相关理论知识为依托，结合其他相关学科的知识，基于现实中所存在的问题，分析影响旅游经济可持续发展的诸多因素，研究了旅游资源价值和环境成本的内涵、旅游循环经济发展模式、旅游代际悖论及其解决方案等内容，探索解决旅游经济不可持续发展问题的经济手段。

1.2 概念界定、研究内容与研究方法

1.2.1 概念界定

为了研究的方便，本书在总结各种研究成果的基础上，给出了相关界定：①旅游环境成本分为资源使用成本和环境保护治理成本。前者可以考虑按照旅游环境容量进行流量控制和存量控制，旅游经营者依托旅游资源获取经济效益，应该为使用旅游资源容量付费；后者是用于旅游环境恢复的成本，对造成旅游环境破坏的经营者和旅游者收费，用于环境治理。②本书中除非特别注明，旅游资源一般指自然旅游资源。③本书中旅游可持续发展指的是弱可持续发展，允许资源的相互替代，只要保证后代旅游者的收益不低于前人即可。

1.2.2　研究内容

本书基于旅游环境成本的视角，系统研究了中国旅游可持续发展问题。本书的研究内容大致如下：

第1章是绪论。本章主要从中国改革开放后的发展现状和趋势出发，分析了旅游活动产生的负面影响，介绍了研究背景与意义、概念界定、研究内容、研究方法、创新点与不足之处。

第2章是旅游可持续发展相关研究综述。本章主要总结并分析了有关旅游可持续发展的文献，包括旅游可持续发展、环境成本与旅游环境成本、旅游资源价值、旅游循环经济、代际公平与旅游代际公平的研究综述。

第3章是国内外旅游可持续发展思想与实践。本章从可持续发展和旅游可持续发展的演化出发，结合世界旅游发展模式和中国旅游发展的实践，研究了现实旅游经济活动中各种不可持续发展的现象，运用经济学的基本理论分析了旅游不可持续发展的原因，得出结论：由于外部性的存在，旅游相关主体受传统经济价值观、伦理观的制约，加之旅游资源产权不清晰，现实中旅游经济的发展遵循工业经济发展模式，利润最大化动机的驱使以及传统发展观的影响，忽视资源价值和环境成本。

第4章是旅游资源的价值与环境成本研究。本章从两个角度分析了旅游资源价值和旅游环境成本。首先，以经济总量、产业规模同环境容量和环境承载力相结合的视角来分析，由于各个时期经济总量同当时环境容量的关系不同，产生了不同的资源价值观和环境成本观。其次，以不同理论领域的价值观对自然资源价值的理解为基础分析了旅游资源价值的一般属性与特殊属性，拓展了旅游环境成本的外部性内涵，提出了旅游连带外部效应。

第5章是基于环境成本视角的旅游可持续发展实现路径——旅游循环经济研究。传统旅游发展模式的弊端和可持续发展的要求是旅游循环经济产生的背景，本章以相关学科关于循环经济的理论为基础，结合旅游循环经济实践，构筑了中国旅游循环经济的发展框架。

第6章是旅游代际公平问题研究。本章综合分析了有关代际公平的研究成果，提出代际问题的悖论，无论是理论研究或者是实证研究都没有解决一个基本问题，即代际标准的确定。本书尝试提出一个替代的解决方案，即双重有区别的旅游资源管理模式。

第7章是旅游生态补偿机制研究。本章基于旅游生态补偿效率的评价，通过借鉴国内外旅游生态补偿机制的优点，从旅游生态补偿的要素机制、管理机制和保障机制等方面探索优化旅游生态补偿机制的路径。

第 8 章是研究结论与政策建议。

本书的逻辑框架如图 1-1 所示。

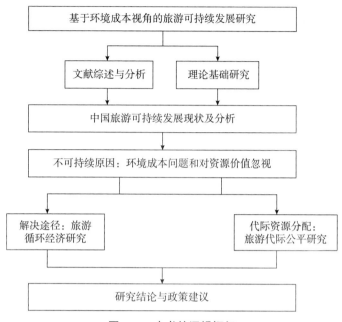

图 1-1 本书的逻辑框架

1.2.3 研究方法

本书的研究方法主要采用规范分析与实证分析相结合、理论研究与实践研究相结合的方法，借鉴西方经济学、资源经济学、环境经济学、循环经济学、旅游经济学等学科的研究成果，综合分析旅游资源价值和旅游环境成本的内涵和基本特征，探讨旅游环境成本和旅游可持续发展的本质联系。通过建立模型研究旅游环境成本的外部性和不同阶段的表现，尝试从中找出旅游可持续发展的规律，分析旅游资源价值的属性，研究了旅游代际公平问题在理论和现实中的悖论，并提出一些具有实践意义的对策和建议，如旅游环境容量价值化、实现旅游环境成本内生化、建立完善的旅游资源市场制度和评估体系、建立双重有区别的旅游资源管理体系、从三个层次上构筑旅游循环经济的发展框架、完善旅游规划等措施。

1.3 创新点与不足

本书在对有关旅游可持续发展研究成果进行分析、总结、梳理的基础上得出一个基本结论，即目前关于旅游可持续发展的研究成果在研究格局分布上极不均衡。具体来说，除了少量经济学领域外的研究成果，如从环境伦理角度对旅游可持续发展进行分析之外，大量经济学领域的研究成果集中于两个方面：一是旅游可持续发展评价体系、评价方法的理论模型与评价框架的研究；二是一些关于区域、景区旅游可持续发展状况的实证研究。其他领域的研究成果相对较少。本书基于环境成本角度对旅游可持续发展进行研究具有一定的理论意义和创新价值。具体来说，本书创新点主要表现在以下几个方面：

（1）本书基于旅游环境成本的视角研究中国旅游可持续发展问题，具有一定的理论价值和实践价值。有关旅游环境成本的研究成果比较匮乏，而且旅游可持续发展的研究主要集中在评价方法、发展目标、内涵和区域实证研究。本书将环境成本和旅游可持续发展结合起来，探索实现旅游可持续发展的途径，在选题角度上具有一定的创新价值。

（2）分析了旅游环境成本的本质属性，即外部性问题，并拓展了传统外部性问题的分析框架。旅游环境问题的外部性体现在时间和空间两个维度上，即代际外部性和代内外部性，并分析了旅游活动的连带外部效应。

（3）本书分析了有关代际问题的研究成果，认为在代际的基本问题即代际标准上没有统一的结论①，导致研究成果没有相互比较的基础。因此，本书尝试从双重管理模式来对旅游资源进行代际管理，以实现旅游可持续发展和代际公平的目标。

（4）本书提出旅游资源环境容量价值化的观点，通过建立完善的旅游资源市场体系，主张采用存量和流量控制、监测的方法，要求旅游经营者为使用旅游环境容量付费，以此来筹措旅游环境保护治理的部分资金，实现可持续发展的目标。

本书研究的不足之处有：由于旅游环境问题本身的复杂性，属于跨学科的研究范畴，受制于专业领域的限制和资料收集的困难，本书仅从经济学角度进行分析，有关代际悖论问题、双重旅游资源管理模式仍处于一种探讨阶段，很多问题有待深化。因此，在今后的研究中有必要对本书的结论做进一步的分析和完善。

---

① 笔者认为，代际的标准由于理论和现实的原因无法统一，详细分析请参阅第6章。

2 旅游可持续发展相关研究综述

本章对旅游可持续发展的相关文献进行综述和分析，通过文献综述和研究成果的分析，引出本书的研究问题，即基于旅游环境成本视角的旅游可持续发展研究。

文献综述主要内容包括旅游可持续发展研究综述、环境成本与旅游环境成本研究综述、旅游资源价值研究综述、旅游循环经济研究综述、代际公平与旅游代际公平研究综述。其中，旅游可持续发展研究综述包括旅游可持续发展评价方法研究、旅游可持续发展目标与内涵研究、区域旅游可持续发展实证研究等；环境成本与旅游环境成本研究综述包括环境成本内涵与构成研究、环境成本核算与管理研究、环境成本内生化研究、旅游环境成本研究等；旅游资源价值研究综述包括旅游资源价值构成与属性研究、旅游资源价值评价研究等；旅游循环经济研究综述包括旅游循环经济发展模式与实证研究等；代际公平与旅游代际公平研究综述包括代际公平测度与实证研究、代际公平内涵与理论研究、代际公平的对策研究等。

2.1 旅游可持续发展研究综述

2.1.1 旅游可持续发展评价方法研究

关于旅游可持续发展评价方法的研究成果非常翔实，代表性的研究包括以下学者的成果。

甄翌和康文星（2008a）比较分析常用的两种旅游可持续发展评价体系（生态足迹模型和旅游可持续发展评价指标体系），指出各自的优势和不足，并对两种方法进行对比分析。

胡雯和张毓峰（2011）依据都市旅游可持续发展的理论成果，分析都市旅游的特征和可持续发展的目标，构建四层次的都市旅游可持续发展的评价模型，并以成都市为例研究其可持续发展情况，认为其处于较强的可持续发展状态，同时也指出都市旅游发展的制约因素和应采取的对策和措施。

王昕和高彦淳（2008）在对区域、旅游可持续发展、可持续发展力等概念进行重新认识和定位的基础上，构建三层次的旅游可持续发展评价体系，并以重庆市沙坪坝区的旅游发展为研究对象，对其进行旅游可持续发展评价，认为该地区旅游可持续发展力较强。

甄翌和康文星（2008b）分析了传统旅游生态足迹分析方法应用上的局限性。在开放型的旅游经济活动中，由于外部资源的流入，以封闭经济为基本前提的传统生态足迹分析方法并不适用，在引入贸易变量的基础上，重新诠释旅游生态足迹评价方法，以新的评价理论为基础界定有关旅游生态足迹评价方法的基本概念。以修订的旅游生态足迹评价方法，从理论上按照旅游构成要素如交通、餐饮、购物、住宿、娱乐和游览等分别给出旅游生态足迹的计算方法，具有很高的理论价值。他们以张家界市旅游为研究对象，采用修订的旅游生态足迹评价方法对其进行综合的生态足迹分析和计算，客观评价张家界市旅游的可持续发展状况，具有一定的实践价值。

崔凤军等（1999）在对旅游可持续发展原则和内涵分析的基础上，从生态环境指标、旅游经济指标、社会文化指标和旅游支持系统指标四个方面构建旅游可持续发展的评价体系，具有一定的创新价值和理论意义，在一定意义上开创了中国旅游可持续发展评价研究的先河。

唐善茂和张瑞梅（2006）探讨构建旅游可持续发展评价体系的必要性，按照旅游可持续发展评价体系建立的原则，建立四层次的区域旅游可持续发展评价模型，选择具有代表性的指标，构建相对比较详细的旅游可持续发展评价体系。

罗艳玲（2016）从资源现状分析入手，构建河南省生态旅游资源开发评价体系，以区位商法、特尔菲法与加权求和的方法，对河南省生态旅游资源开发的优势及潜力进行评价。她认为，河南省在生态旅游资源开发中存在以下问题：对概念理解不够全面，缺少特色资源；旅游经济的带动性不足，旅游产业的外向度较低；资源开发不当，生态环境失衡；管理体制不完善，管理水平需要提升；等等。她针对性地提出以下几点建议：打造精品景区，发展高端市场；加大宣传力度，提高旅游外向度；加强规划监管，完善法律法规；培养相关专业人才；等等。旨在为河南省生态旅游发展提供参考。

莫莉秋（2017）通过构建海南省乡村旅游资源可持续评价指标体系，提供一种乡村旅游资源可持续发展有效评价和量化的方法。她以海南乡村旅游可持续发展为总目标，结合海南旅游自身特点，运用层次分析法，构建了由海南乡村旅游资源系统、环境系统、经济系统、管理服务系统四个维度，39 个具体变量组成的指标体系框架，并对指标体系进行权重分配。从总体来看，海南省乡村旅游资源可持续发展指标体系分为系统层、要素层、指标层，其中系统层中乡村旅游资源系统和乡村旅游管理服务系统所占比重较大，说明海南乡村具有较高的资源禀赋，也证明了乡村旅游管理服务在旅游发展中的重要性；指标层每一项具体指标所占的比重各不相同，权重大小不一，总体相差不是很大。

武少腾等（2019）对四川省乡村旅游可持续发展水平进行了研究，综合分析了其生态环境、资源开发和经济社会之间的发展水平及影响因素，构建了评价指标体系，以生态环境质量、资源开发情况、经济发展水平和社会发展水平四个方面20个具体指标构成评价综合层，运用层次分析法和模糊综合评判法系统分析四川省乡村旅游可持续发展水平。他们认为，四川省乡村旅游可持续发展水平处于中等，有较大提升空间；交通开发难度较大和旅游收入占 GDP 的比重较低，成为制约乡村旅游发展的主要因素；加强旅游基础服务设施建设、增加交通便捷性、培养一批高素质旅游服务人才队伍是四川省乡村旅游可持续发展的关键。

孙九霞和王淑佳（2022）使用"属性解析—系统整合"逻辑框架，构建基于乡村振兴战略的乡村旅游地可持续发展评价体系。将乡村旅游地解析出社区、遗产和旅游三个基本属性，分别对应社区发展、遗产保护和旅游发展子系统，重点构建旅游发展子系统指标体系，涵盖目的地、客源市场、旅游通道和旅游支持系统四个一级指标和具有较强操作性、聚焦乡村尺度的 31 个二级指标，进而将子系统整合并引入耦合协调发展模型，使用综合评价指数和协调发展度进行乡村旅游地可持续发展水平评价。他们通过测评广东 10 个乡村旅游地，验证该体系具有较好效度和区分度。

2.1.2　旅游可持续发展目标与内涵研究

张毓峰等（2009）研究以多维度系统过程为特征的都市旅游可持续发展问题，提出要实现都市旅游可持续发展的目标必须进行三个维度的协调，即宏观、中观和微观层次。

杨桂华（2005）根据早期生态旅游可持续发展目标模式的演化和发展，提出应该按照系统论的观点，构建生态旅游可持续发展的四维发展目标模式，从生态旅游者、生态旅游资源、生态旅游业和载体、生态旅游环境四个方面分别研究其利益诉求，并强调四者的利益应协调一致才能实现可持续发展的目标。以共生理论为基础，构建实现生态旅游可持续发展的途径和框架，即建立多主体受益、利益共生的休系。

李树峰和王潞（2008）从旅游伦理角度分析旅游可持续发展的内涵，基于旅游伦理角度的旅游可持续发展是人们在旅游发展过程中，人同各方面之间关系的协调，强调旅游伦理能为旅游可持续发展提供保障。

楼旭逵等(2008)基于区域旅游系统论的角度，从三个维度上对区域旅游可持续发展进行分析，即要素维度、时间维度和空间维度，并强调需要三者的结合才能实现区域旅游可持续发展的目标。

李进兵(2010)基于利益相关者理论，分析目前旅游开发实践中当地居民参与不足和利益受损的现实，建立旅游开发商和当地居民利益分配的博弈模型，得出的研究结论表明：当地居民按照固定收益获取旅游活动带来的经济利益，由于其获得报酬同旅游经济的效益不相关而没有谋求旅游可持续发展的动机；在当地居民按照一定比例从旅游收益中获得报酬的模型中，由于其回报同旅游发展成果正相关，在满足一定的条件的前提下，产生激励机制鼓励当地居民采取可持续发展的行为和选择，这是一个双赢的结果，有利于可持续发展目标的实现，并提出提高当地居民参与程度的战略措施。

蒋焕洲和刘新有(2008)在分析民族文化旅游资源和民族文化旅游可持续发展内涵的基础上，研究民族文化旅游的生产要素和生产要素主体的角色和贡献，提出效率和公平的统一是旅游可持续发展的基础，旅游目的地居民参与旅游收益分配是根本动力，并分析了提高旅游目的地居民分配比例的经济学理论基础。

刘军和马勇(2017)通过梳理生态效率概念的提出及其与可持续发展的关系，认为生态效率是对可持续发展的有效测度。在回顾旅游生态效率研究现状的基础上，发现既有研究成果主要集中在两个方面：第一，旅游生态效率的测度与评价；第二，旅游生态效率在目的地管理当中的应用。基于以上研究现状，他们从旅游生态效率的概念、研究领域、研究方法与研究时间段四个角度对既有成果进行了总结，并认为目前旅游生态效率研究的特征与趋势表现为四个方面：①旅游业碳排放估算对旅游生态效率的测度至关重要；②旅游生态效率测度方法较为单一；③旅游生态效率影响因素是目前研究的空白点；④数据包络法、随机前沿法等的应用将使旅游生态效率的研究更为深入。

张朝枝和杨继荣(2022)在梳理经济学和政治经济学的高质量发展观的基础上，提出基于可持续发展理论的旅游高质量发展内涵、分析框架和治理途径。他们提出旅游高质量发展是一种强可持续发展，是一种更高层次的可持续发展，对旅游高质量发展的评价必须围绕"人的全面发展"核心理念，以经济、社会文化和环境协调发展为底线，进行地方、区域、国家和全球四个空间尺度的二维分析，旅游高质量发展要以人为中心进行多尺度综合治理。

2.1.3　区域旅游可持续发展实证研究

曹新向等(2006)分析目前旅游可持续发展的评价方法，以旅游生态足迹理论为基础，选取河南省开封市的旅游发展为研究对象，采用数据分析得出结论，开封市的旅游生态足迹主要来自旅游交通，约占全部旅游生态足迹的90.21%，从总体上讲开封市的旅游处于可持续发展的状态。

阎友兵和张普成（2007）在对遗产地旅游相关文献和研究成果分析梳理的基础上，采用拥挤分析法对西藏布达拉宫景区的可持续发展问题进行研究，提出有序开发、旅游权责明确、建立完善的监测体系、旅游外部效应内生化等措施。

马严和徐宝根（2001）从理论角度分析生态旅游发展的 Butler 模型，并以浙江省某景区为例分析其可持续发展状况。

田里（2007）对国内旅游可持续发展评价体系和方法进行梳理，建立四层次的指标评价体系，以此为基础，对云南三地的旅游可持续发展阶段进行研究，具有很高的应用价值。

王良健（2001）运用多目标线性加权函数模型，选取张家界为研究对象，评价其可持续发展状况，建立两层次的评价指标体系。

谭科和曹薇（2010）以烟台市旅游业为研究对象分析其不足之处，按照模糊评价法建立旅游可持续发展的评价模型，并提出建议和对策。

张环宙等（2015）基于博弈理论，以浙江省舟山市"海天佛国"——普陀山为例，实证分析了游客和滨海社区在特色文化保护与开发方面的博弈，发现游客渴望体验文化真实性与滨海社区追求经济利益最大化之间存在着内在冲突。在此基础上，他们进一步对普陀山佛教文化区进行实地调研和网络在线评论分析，数据结果显示，游客普遍认为该滨海文化区商业气息浓厚，影响了他们后续的重游意愿。根据博弈模型、实地调研数据以及网络内容分析结果，提出滨海文化旅游区可持续发展的相关策略与建议。

张彩红等（2020）对贵州玉舍国家森林公园发展康养旅游的优势、劣势、机遇和威胁进行定性分析，构建评价指标体系，利用层次分析法对其发展康养旅游的优势、劣势、机遇和威胁进行定量分析，确定指标权重及加权分数，玉舍国家森林公园发展康养旅游的优势>机会>威胁>劣势，玉舍国家森林公园发展康养旅游是属于机会型，应采取增长型战略，生态环境优势是玉舍国家森林公园发展康养旅游的最大优势条件，基础设施薄弱是影响森林公园发展康养旅游的主要劣势，贵州旅游业的发展机遇是玉舍国家森林公园康养旅游发展的重大机遇，但也要应对来自周边康养旅游产品的挑战。

牟联浩（2024）采用资源—市场—产品分析模式，系统分析温江区乡村旅游的资源配置、市场定位和产品策略，同时通过问卷调查和专家评分法收集数据，发现餐饮安全满意度高，但基础设施和现代娱乐设施满意度低。他提出改进措施，旨在为温江区乡村旅游经济发展提供新方向，期望能为温江区乃至全国的乡村旅游业提供可行的发展模式。

2.1.4 旅游可持续发展研究的简要评述

总体来说，旅游可持续发展的相关研究成果主要集中于上述三个领域，尤其是旅游可持续发展评价方法的研究，其他领域的研究成果相对较少。从评价方法来看，旅游可持续发展的评价方法并不统一，学者们基于不同的研究领域和区域旅游发展实际，评价方法各异。从旅游可持续发展内涵的研究来看，学者们从不同角度分析旅游可持续发展的内涵，如社会伦理学、西方经济学、政治经济学、信息经济学等，诠释了旅游可持续发展的含义。从实证研究来看，实证研究集中于具体区域、景点，有关乡村旅游可持续发展的成果相对较多，评价方法不一致，缺乏通用性的研究成果。

本书基于旅游环境成本的视角研究中国旅游可持续发展问题，将环境成本和旅游可持续发展结合起来，探索实现旅游可持续发展的途径，具有一定的创新价值。

2.2 环境成本与旅游环境成本研究综述

2.2.1 环境成本内涵与构成研究

张云和李国平(2004)从理论上分析了传统经济学对于环境资源和环境成本的忽视，探讨环境成本的理论渊源和在不同领域的表现。环境资源满足稀缺性和具有多种用途两个条件，符合经济学关于成本的要素条件，理应进入经济学的成本范畴。他们还基于人类和自然的关系论证环境成本的构成和属性特征，环境成本可以分为使用者成本、环境损害成本和环境保护成本三种类型，具有社会性与外部性的特征，指出环境成本在现实经济生活的具体应用。

李明辉(2005)综合分析有关环境成本的定义，从不同侧面分析环境成本的内涵，以微观角度和宏观角度对环境成本进行分类，并对不同角度环境成本的核算进行有益的探索。

王锋(2008)从生态环境具有公共物品属性出发，分析环境成本的内涵，结合目前对环境成本的不正确认识，分析造成这种现状的原因，如错误的政绩观、监管不力、企业的短期行为、成本观念落后、缺乏社会责任、环保资金不到位等，以此为基础提出解决问题的对策，包括完善生态法律体系、加强产业结构调整、强化政府监管、企业成为环境治理主体等措施。

甄国红和张天蔚(2014)认为，基于价值链的企业环境成本控制包括内部价值链环境成本控制和外部价值链环境成本控制。生态环保设计理念、绿色采购模式、清洁生产策略、绿色营销策略构成企业内部价值链的环境成本控制；对企业上游供应商和下游购买客户的环境成本控制分析是企业外部价值链的环境成本控制的关键。

仪秀琴和姚强强(2019)以微观企业为研究对象，开展环境成本管理研究回顾与展望：对于国外文献，主要从环境成本确认、计量和披露等方面进行回顾；对于国内文献，首先厘清经济发展与环境成本的联系，然后从战略与公司治理、环境成本信息披露、绿色生态可持续理念以及资源型企业环境成本管控实践案例等几大核心视角展开，从宏观到微观、从战略到战术，层层递进地进行理论与应用视角的系统梳理与整合，以期服务于企业的内部成本管理和外部成本环境营造，并基于新发展理念从微观企业层面进行展望，以助力宏观经济发展方式转型、生态文明建设。

李凡(2024)以环境成本为视角，明确流域生态保护直接成本与间接成本的构成，选取黄河流域部分地区为典型进行生态补偿的核算研究，通过直接成本和间接成本获取最终的总成本，并进一步明确各地区的资金分配比例，从实务方面为相关地区生态补偿机制的施行予以参考。

2.2.2 环境成本核算与管理研究

张东光和田金方(2006)分析传统的国民收入核算体系(SNA)在环境及其成本核算方面的缺陷，从资源环境的功能出发，将环境成本分为三类，即资源耗减成本、环境降级成本和环境保护成本，根据环境成本的不同属性，建立修正的国民收入核算模型。

徐玖平和蒋洪强(2003)在对环境成本定义进行分析的基础上，以里昂惕夫投入产出表为基础，从理论上构建环境经济领域的投入产出模型，具有一定的理论价值，并以该模型为基础分析四川一家企业的环境投入产出问题，计算该企业的环境成本，具有一定的应用价值。

黄广宇和蔡运龙(2002)结合河北省经济发展过程中自然资源无价或低价的实际状况，建立1991～1998年自然资源和污染状况的实物账户，并使之货币化，进入货币型的均衡方程，分析河北省经济发展的环境成本、资源净产值、环境净产值等指标，综合分析河北省经济发展的可持续状况，并提出建立集约型发展模式的对策。

蒋卫东(2002)分析荷兰对环境成本的界定,结合该国有关铁路和建筑物环境成本核算的实践,提出对中国环境成本核算的有益启示,包括重视环境成本核算的研究、建立良好的会计核算体系等措施。

王天兰(2008)分析环境成本的构成,结合国外环境成本回收的方法,从法律角度研究征收环境税的依据,提出征收消费者环境税的对象和具体税目,具有一定的理论意义。

苗俊美(2009)建立有关政府和企业环境成本的博弈模型,分析影响政府和企业博弈的因素,并提出相应的结论和建议。

袁广达(2014)从传统会计收益和计算方法改进入手,以边际成本理论与生产要素理论为依据,以2003~2010年我国七大重污染行业为研究对象,通过综合评价模型对生态环境污染状况进行等级评价和标准划分,结合面板随机系数模型考察生态环境污染等级指数对六大非重污染行业利润总额的影响程度,对我国工业行业生态环境损害成本补偿理论、补偿标准和会计处理进行了设计。

叶珊珊等(2019)通过系统梳理矿区生态环境成本相关理论,逐步完成矿区生态环境成本构成、账户设计与成本归集,合理界定矿区生态环境成本的确认原则、计量方法。以华北平原某矿区为例,综合借助资源损耗成本计量模型、生态服务价值方法、工程量法分别对矿区自然(煤炭)资源损耗成本、生态环境破坏成本、绿色矿山建设成本以及矿山环境管护成本进行核算,计算结果能够基本反映出所选矿区生态环境成本的现实情况。他们建议设置与环境成本相关的会计科目,从成本管控的角度提高矿山企业的环保意识,进而为有效落实生态文明的发展理念、积极推进"绿色矿山"的建设提供切实可行的路径。

崔也光等(2019)选择2007~2016年全部A股上市公司为研究样本,通过财务报表信息形成较为全面的企业环境成本,并将其划分为资本化与费用化两个部分,在微观层面考察省级地区污染治理投资对环境成本的影响,研究结果显示:地区污染治理投资越多,企业发生的环境成本越小,投资具有"挤出效应";该效应集中在资本化的环境成本中,而对费用化部分影响不显著;该效应在非三大经济区域等经济欠发达地区更为明显。他们进一步细分地区污染治理投资的类型,发现废气、废水与其他治理项目投资产生了显著的"挤出效应",而其他投资无显著影响。其他指标分析显示:企业规模越大能够支付的企业环境成本越大;相较于资本化环境成本,重污染企业缴纳了更多的排污费与环保罚款等费用化成本。

张利等(2022)以我国"双碳"减排目标和环保税相关政策为现实背景,以煤炭企业为研究主体,结合环境成本和作业成本法的相关研究成果,研究煤炭企业如何运用作业成本这一战略性管理决策工具，科学高效进行环境成本核算分配及落实环境管理决策和干预这一问题。他们提出，煤炭企业进行环境成本核算时须遵循总量核算、产品识别、工序提取、干预落实的四步走方法，在 PDCA 循环的管理方法框架内结合技术方法对企业实时管理和干预行为的落实提供可行指导，对煤炭企业提升环境管理水平和达成减排目标具有现实指导意义。

2.2.3　环境成本内生化研究

刘江宜和倪琳(2007)分析环境问题产生的理论和现实根源。从理论上分析，外部性的出现和产权的模糊导致自然资源的过度利用；从实践上分析，传统线性经济发展模式造成资源的浪费和环境污染。他们对环境成本内生化的管制手段和经济手段进行分析和对比，在此基础上提出环境成本内生化的建议和对策，如建立补偿制度、合理运用管制手段和经济手段、使企业成为环境保护主体等。

黄又青等(2007)从中国资源利用现状出发，基于能源供应紧张、传统模式引发严重环境问题等事实，研究环境成本内生化的主要障碍，如思想认识问题、资源环境成本计量困难问题、资源产权不明晰问题，提出实现环境成本内生化的对策和建议，包括树立正确的成本观、完善明晰资源产权、资源合理定价、建立绿色核算体系、建立完善的环境法律制度等措施。

戴立新和李美叶(2007)分析外部环境成本的经济学含义，指出缺乏有效的激励机制引导企业进行环境保护是目前环境问题的基本内因，实现环境成本内生化是解决问题的关键，并从经济学角度研究环境成本内生化的作用机理，提出实现环境成本内生化的主要措施。

曹凤中(1996)分析环境成本内生化的理论基础。传统劳动价值理论在解释资源价值方面存在局限性，基于环境资源稀缺性和"外在化"的贸易形式造成资源浪费的事实，他指出应该实现环境成本内生化，建立环境成本的理论模型，并指出自然资源本身的价值、劳动产生的价值和恢复环境的价值三者共同构成了环境成本的内涵，按照该模型的研究，分析环境成本内生化对贸易系统和环境系统的影响。

王普查等(2013)将循环经济的理论应用于企业环境成本控制中，分析了循环经济与环境成本控制的关系，论证了循环经济能促进环境成本内生化，是企业环境成本控制的方法基础。针对当前我国企业环境成本管理中存在的管理体制不健全、成本收益不匹配及信息披露不充分等问题，从循环经济的视角出发，他们提出了提高自然资源初始价格和污染物排放成本、开征环境保护税等企业环境成本控制的改进措施。

吉利和苏朦(2016)利用我国重污染行业上市公司的经验数据研究环境成本内生化问题,对我国企业环境管理决策和政府环境监管政策制定具有重要的启示作用。研究发现,企业所属地区环境质量越差,企业环境成本内部化的可能性越小,程度越低;企业面临的监管压力越大,企业环境成本内部化的可能性越大,程度越高;企业环境成本内部化与财务绩效或企业价值并未呈现显著正相关关系。他们的研究表明,企业的环境成本内部化行为是出于合规性的目的而非经济利益的驱动。

陶晨璐等(2017)以 2010~2015 年造纸行业上市公司为样本进行了实证研究,检验了环境成本内部化程度对财务绩效、环境绩效的影响,其中,财务绩效用总资产收益率衡量,环境绩效用单位营业收入的排污费衡量,环境成本内部化程度用构建的指标衡量。实证研究发现,环境绩效与财务绩效成正相关关系;环境成本内部化程度的提升能促进环境绩效的优化;当期环境成本内部化的提高在短时间内会抑制当期财务绩效,但从长期来看,能够改善企业的财务绩效。

2.2.4 旅游环境成本研究

目前,有关旅游环境成本的研究成果相对匮乏,国内学者的研究成果主要集中于旅游环境成本的分类、定义、特征和一些理论模型,实证研究很少。

王赞红(2001)从中国森林旅游传统发展模式对生态环境和旅游资源破坏的现状出发,指出森林旅游经营过程中的成本计量没有包含资源价值和环境成本,分析目前采用的环境资源价值评估方法的适用范围,并对森林旅游资源的估价和价值补偿进行有益的探讨。

胡芬(2009)在对旅游生态环境成本进行分类研究的基础上,依据生态经济价值理论对环境成本的分析,建立旅游生态环境成本内生化的两部门理论模型,结果表明垄断者会获得更多的生态价值份额,承担较少部分的生态环境成本而处于有利地位,其他类型经营者则是相反情形而处于不利地位,以此论断为基础,提出实施环境成本内生化的建议和对策,如降低垄断程度、向污染制造者追偿制度、生态补偿和转移机制等。

蒋洪强和徐玖平(2002)从旅游发展所产生的环境污染现状出发,分析旅游所造成的环境成本属性和特征,建立旅游环境成本的理论计量模型,以四川某景区的旅游经营为例研究其污染损失。

张琰(2016)通过核算旅游环境成本分析旅游发展对环境的影响,并研究在旅游产业中环境的经济价值;再通过旅游环境成本的货币化表现明确旅游活动与旅游环境的关系,最终为旅游环境成本管理提供参考。

董恒英和张玉荣(2018)认为,旅游环境成本与区域旅游环境承载力存在一种相互依存、相互制约的辩证关系。人类经济行为、旅游企业行为、经营者和旅游者等行为的不当,给区域旅游环境造成了一系列的影响,区域旅游环境承载力无论在自然环境还是经济环境上都是有限度的,因而应建立完善的旅游环境管理机制,发展旅游地的经济,进而提升可持续旅游的能力。

2.2.5　环境成本与旅游环境成本研究的简要评述

从环境成本内涵与构成研究来看,学者们从不同的专业领域和学科角度阐述环境成本的构成和内涵,主要以经济学外部性理论和企业管理的视角进行研究,结果表明对于环境成本构成内容的认识很不一致,部分原因可能是源于环境问题的复杂性。从环境成本核算与管理研究来看,学者们尝试以各种途径把环境成本纳入宏观和微观的核算框架,选择高污染行业和上市公司的数据,进行一些实证应用,这是一种有益的探索,也代表着未来研究的一个方向。从环境成本内生化研究来看,对环境成本内生化的研究具有非常高的理论意义,这是解决环境问题的必然选择,对实现环境成本内生化也进行了实践研究。从旅游环境成本研究来看,本类研究较少,缺乏系统性的分析成果。

综合分析有关环境成本和旅游环境成本的研究成果,可以得出一个基本结论,即环境成本的研究成果非常丰富,而旅游环境成本的研究较少,仅有的研究成果相对零散。本书选择旅游环境成本作为研究对象,对旅游可持续发展进行系统的研究,具有一定的理论和实践意义。

2.3　旅游资源价值研究综述

2.3.1　旅游资源价值构成与属性研究

顾维舟(1992)从旅游资源具有商品属性这一论断出发,强调旅游者要通过对旅游资源的消费来满足其需求,并把旅游资源分为享受性资源、参与性资源和审美性资源三类。

郑四渭和贝勇斌(2007)提出,非物质文化旅游资源价值包括初始价值、开发成本、资源消耗成本、保护成本、机会成本、利用成本和非市场价值,在分析其价值构成的基础上,对非物质文化旅游资源的价值补偿进行有益的探索,从补偿强度、补偿主体和补偿途径方面进行研究。

张胜和毛显强(2003)从环境与人文旅游资源的形成及其相互之间的关系出

发，分析人文旅游资源的价值构成，研究旅游外部性内生化的政策工具（如庇古税），对旅游资源的价值进行有益的探索，并以平遥古城为研究对象，提出保护人文旅游资源的政策和建议。

叶全良（2004）从自然旅游资源和人文旅游资源两个角度分析旅游资源价值链、价值因子、基因构成和基因组合，在此基础上研究旅游资源基因组成对旅游各个环节的作用力。

任以胜等（2022）通过梳理与总结传统旅游资源观视角下旅游资源研究成果的发展脉络，研究发现：①旅游资源研究方向日益多元，在开展基础研究的同时，积极为服务国家重大战略和区域经济社会发展做出重要贡献，在一定程度上实现了"理论指导实践"与"实践完善理论"的良性互动局面。②新旅游资源观是指在科学技术进步、价值观念变革、旅游需求提升、人均收入提高等背景下，人们对不同来源、不同结构、不同层次的旅游资源进行整合、配置、重组和优化的动态过程，表现为人们的思维认知对旅游资源性状改变的一种能动响应。新旅游资源观是对传统旅游资源观的根本突破，呈现新旅游资源价值观、新旅游资源利用观、新旅游资源发展观、新旅游资源效益观和新旅游资源空间观等特征。③从旅游资源价值转化、旅游资源可持续利用、旅游资源融合发展、旅游资源区域效益、旅游资源空间重构等方面构建新旅游资源观视角下的"五维一体"的旅游资源研究内容体系，强化旅游资源的跨区域聚合、竞合与融合，揭示跨区域旅游资源开发利用的相互作用机理。④面对新旅游资源观视角下旅游资源开发利用过程中出现的新问题和新课题，多学科交叉融合与新方法引进是开展旅游资源开发利用综合性、动态性、区域性和系统性研究的必然趋势。

杜涛等（2022）以物质、精神与实践的辩证关系为逻辑分析起点，通过社会建构视角分析红色旅游资源的形成过程与价值聚焦，提出：①红色文化是红色旅游资源形成的本体核心；②红色旅游资源的形成与红色文化的社会建构密切相关；③社会建构视角下红色旅游资源可划分为形成、发展和成熟三个阶段，其核心是"人民实践"。同时，他们的研究还说明了红色旅游资源社会建构中的"主客体"互动联结、红色旅游资源社会建构中"情境"的重要性及红色旅游资源社会建构中"意义"的赋予逻辑；并由此给出了新发展阶段红色旅游资源的建构趋向，以期拓展红色旅游资源在国家宏大叙事体系和国民教育体系中的重要作用，为红色旅游的发展提供新视角与新路径。

2.3.2 旅游资源价值评价研究

陶婷芳和田纪鹏（2009）综合分析有关环城游憩带的研究成果，结合上海市环城游憩带发展现状，提出发展该项旅游活动有利于提升区域旅游竞争力、完善旅游产业结构和发展布局，运用层次分析法和模糊评价理论，对上海市环城游憩带旅游资源的价值进行全面的评估，并根据研究结论提出发展和完善上海市环城游憩带的对策措施。

赵文清等（2006）在对模糊综合评价模型分析的基础上，建立三层次的旅游资源价值和竞争力评价体系，并以安徽省旅游资源为评价对象，研究安徽省的旅游资源价值和旅游竞争力状况，结果显示该省旅游资源对旅游竞争力贡献度不高。

詹丽和阚如良（2008）基于中国文化旅游资源价值评估相对滞后的现实，分析对文化旅游资源进行价值评估的必要性，按照文化旅游资源评价的理论基础，探讨传统资源价值评价方法在文化旅游资源评价中的应用。

何清宇和宋镇清（2010）在对湖南温泉旅游开发现状和分布格局分析的基础上，采用模糊评价方法对湖南温泉旅游进行综合评价，以此为依据，提出要优化行政环境、优化经济环境、完善旅游人才培养机制和加强基础设施建设的对策和建议。

陈砺（2010）以新疆石河子地区旅游资源价值为研究对象，建立旅游资源价值评价体系，按照层次分析法对其旅游资源进行评价，并得出基本结论：人文旅游资源具有较强的吸引力，这是今后开发的重点。

张岳军等（2010）从环城游憩带旅游活动的演化出发，在对相关研究成果综述分析的基础上，选择厦门市环城游憩带为研究对象，运用层次分析和模糊评价相结合的方法，对厦门市环城游憩带旅游资源进行综合评价，并提出建议和对策。

谢继全等（2004）结合甘肃省森林旅游资源的实际状况，分析森林旅游资源的吸引力、开发性状况，并分析两者的关系，评价影响该区域森林旅游资源价值的影响因子，建立三层次的定量评价体系，运用模糊分析法，研究甘肃省森林旅游资源的吸引力和开发利用状况。

任唤麟（2017）借助层次分析法、菲什拜因—罗森伯格模型，通过设定评分标准与评价等级，构建跨区域线性文化遗产旅游资源价值评价模型。他认为，提出的方法与模型能较准确地评价资源价值；长安—天山廊道路网中国段各遗产点价值均在优良等级及以上，其中27.3%为五级（特品级）资源，59.1%为四级资源，13.6%为三级资源；在旅游开发中应采取领先开发或重点开发、分区开发及加强遗产点历史文化挖掘与宣传普及等策略。

韦绍兰等（2020）采用层次分析法（AHP）构建恭城县乡村旅游资源开发价值评价指标体系，确定评价指标权重。基于评价指标体系测算恭城县乡村旅游资源开发价值等级，探明乡村旅游开发的重要影响因素、优势条件和限制条件。他们认为，恭城县乡村旅游资源开发价值总体较高，基础设施水平、文化民族性和旅游设施水平等评价指标的质量条件与其重要程度不匹配。需要重点保护、挖掘和建设生态环境质量、文化民族性、基础设施水平、旅游设施水平和文化乡村性等影响程度较大的旅游资源，尤其需要突破基础设施和旅游设施建设，以及挖掘和传承地方特色瑶族传统文化。

张良泉等（2022）认为，游客对旅游地的依恋情感是刺激旅游者重游的重要因素，以韶山风景区为案例地，在红色旅游的情境下将旅游者地方依恋纳入到传统旅行费用模型中，测算红色旅游资源的游憩价值，进而评估旅游者地方依恋的经济价值，明确了游憩价值评估中纳入环境心理因素的必要性，可为红色旅游地的资源开发利用、游客管理和情感营销提供理论依据。

2.3.3　旅游资源价值研究的简要评述

从旅游资源价值构成与属性研究来看，学者们从不同学科角度研究旅游资源的价值构成和本质属性，具有一定的探索意义。从旅游资源价值评价研究来看，主要涉及具体旅游资源和区域的评价，对于不同类型旅游资源的评价方法不一致，导致研究成果没有可比性。

本书把旅游资源价值同旅游环境成本结合在一起分析旅游活动的外部性，探讨旅游环境成本内生化的建议和政策主张，具有一定的实践意义和应用价值。

2.4　旅游循环经济研究综述

2.4.1　旅游循环经济发展模式与实证研究

刘青松等（2003）从生态旅游的发展和宗旨出发，按照旅游经济的具体环节特征，构建旅游循环经济的发展模式。

吴丽云（2009）从中国旅游经济不可持续发展的现状出发，结合对中国旅游循环经济研究成果的分析，以北京蟹岛绿色生态度假村为研究对象，分析其旅游循环经济发展模式和动力机制。

孙静等（2008）以镜泊湖风景区为研究对象，运用循环经济理论，评价该景区各种类型旅游资源的价值，并提出发展旅游循环经济的对策和建议。

李庆雷和明庆忠（2008）总结发展旅游循环经济的现实意义，以旅游循环经济的视角分析农村旅游的发展思路，并以昆明市西山区团结镇为研究对象，提出旅游循环经济的发展模式和发展对策。

杨美霞和王敏（2009）以武陵源风景名胜区为研究对象，结合旅游循环经济的研究成果,提出该景区发展旅游循环经济的现实意义,并研究其旅游循环经济模式的构建,指出发展循环经济的难点和对策。

朱菲等(2008)在对旅游循环经济研究成果进行梳理的基础上,研究旅游循环经济重点发展领域的选择问题,确立重点领域的选择原则,构建三层次的旅游循环经济重点领域选择的指标体系,根据该指标体系确立了若干重点领域的发展方向、发展原则和战略思路,主张通过构建旅游循环经济产业链条、对旅游资源合理利用、注意保护环境和承载力来实现旅游循环经济的发展目标。

宋松等(2009)从中国旅游经济发展现状出发,结合旅游循环经济的研究成果和概念分析,以南京市中山陵景区为研究对象,构建旅游循环经济发展水平的评价体系,得出南京中山陵景区的循环经济发展状况并不理想的结论,并提出解决问题的措施。

杨荣荣(2007)结合黑龙江省旅游发展现状,在对旅游循环经济评价体系的原则和方法分析的基础上,创建三层次的旅游循环经济评价体系,并对其各个时期的旅游循环经济发展状况进行了具体的分析。

杨成平等(2019)基于各海岛县(区)循环经济实践,从产业和社会两个层面对其发展模式进行了归纳总结。产业层面主要有渔业、旅游业、港口物流业、船舶与海洋工程设备制造业、石油化工业、建筑业六种典型的海岛循环经济发展模式。社会大循环层面有"渔业主导+旅游业助推型","渔业+旅游"主导、港口物流业助推型,船舶海工带动型,重污染(石化)传统工业转型升级型,轻污染制造业主导、多产业协同发展五种典型的海岛循环经济发展模式。各海岛县(区)应根据自身的资源禀赋、海岛特性和经济社会发展状况等,因地制宜,选择合适的发展模式,促进海岛循环经济的发展。

刘文静和付传雄(2022)结合清远市地理优势及资源状况,提出基于绿色低碳循环经济视角发展农业生态旅游,并给出了绿色低碳生态旅游循环系统,既有利于开发本地清洁可再生能源,又可以促进农村经济的发展,为清远市农业生态旅游发展提供了新的思路。

王晗和周健(2023)深入研究分析新疆地区旅游业、经济和碳生态的发展情况以及三者的协调状况,通过构建新疆旅游循环经济系统的评价指标体系,基于主成分分析法对三个子系统的发展水平进行测度分析,利用构建的耦合协调度模型计算协调度水平。研究结果表明,新疆地区的旅游业和经济发展都呈现健康向上的状态,而碳生态却呈逐年下降趋势。该结论有助于更切实际地把握新疆地区旅游业发展、经济增长与生态文明建设,为新疆旅游循环经济发展体系追求共生关系和动态平衡关系提供借鉴,从而实现新疆地区绿色可持续发展。

唐莎(2023)基于循环经济理论，根据广西田阳露美片区有机农业示范基地和有机生态养殖基地的实际生产状况，从乡村农作系统视角，对低碳旅游发展模式进行探讨：根据"一心一带两翼"的框架来落实低碳旅游；规模养殖创建节约循环水资源系统；实施乡村旅游低碳清洁生产示范项目；建设乡村旅游循环产业示范区，以期为广西田阳露美片区的长足发展提供理论借鉴。

2.4.2　旅游循环经济内涵的研究

黄小晶等(2008)对比分析循环经济理念下的旅游产业链和传统旅游产业链的内涵及其关系，从旅游产业内和产业外两个层面上分析旅游循环经济理念下旅游产业链的延伸和关联效应，研究城乡旅游活动的乘数效应。

明庆忠和陈英(2009)总结并梳理中国旅游循环经济研究的成果，分析旅游产业生态化和旅游循环经济的关系，认为旅游产业生态化是实现旅游循环经济的关键环节和推动力，并提出旅游生态化和发展旅游循环经济的对策和措施。

张丽翠(2016)认为，传统经济增长模式给生态环境造成了巨大的危害，因此转变经济模式，推行循环经济理念十分重要。她在对循环经济理念内涵作出诠释的基础上，分析了我国乡村旅游资源的开展与运用现状，并重点就循环经济理念下乡村旅游资源的开发与运用对策进行了研究。

刘君和王振(2021)研究分析了循环经济理念与生态环境保护内涵，指出了循环经济理念下旅游景区生态环境保护面临的困境，提出了加强旅游景区生态环境保护的具体策略。研究结果表明，培养管理人员的生态意识，构建景区生态环境保护体制，才能促进我国旅游经济长久健康发展。

2.4.3　旅游循环经济研究的简要评述

有关旅游循环经济的研究主要是一些实证研究，根据不同区域旅游发展的实际情况，构建旅游循环经济发展框架和发展模式，主要是一些经验应用方面的成果，理论研究集中于经济发展模式、环境保护同循环经济的关系。本书基于旅游环境成本的视角解读旅游循环经济的内涵，构建包含环境成本的旅游循环经济发展模式，具有一定的理论价值。

2.5　代际公平与旅游代际公平研究综述

2.5.1　代际公平测度与实证研究

李春晖和李爱贞(2000)以晋陕蒙接壤区为实例，选取每相隔10年的三组数据，采用环境代际公平系数研究其可持续发展状况，以 10 年作为代际的基准。

杨勤业等（2000）以唐山市为研究对象，选取 1993~1997 年 5 期数据分析该区域的代际环境冲突问题，以年度作为代际的基准。

但承龙（2004）以南京市的土地利用为研究对象，分别以 2010 年和 1996 年为目标年和基期年①，选取多目标线性规划模型，研究南京市土地利用的可持续发展状况。

李郁芳和孙海婧（2009）在对国内外有关代际公平和代际公共品②研究成果进行梳理的基础上，以 10 年为代际标准，结合中国代际公共品供应的现状，指出在中国传统政绩观指导下的当代政府对代际公共品供应不足。

刘昱和潘婷（2022）以中国段丝绸之路文化遗产地为研究案例，采用 10 年为一代的代际划分方式，对"70 后""80 后"和"90 后"三代旅游者进行抽样调查，并对样本数据进行分析和单因素统计推断。研究结果表明，不同代际的文化遗产地旅游者各具特征，各代际群体在游前决策行为、游中消费行为和游后评价等方面既存在共性也存在差异，可以从共性中总结丝绸之路文化遗产旅游目的地的发展方向，从差异中总结旅游产品开发和差别化营销的策略。

朱东国和马伟（2023）基于 2002~2018 年"中国老年健康影响因素跟踪调查"数据，实证检验了家庭代际支持对中国老年人旅游的影响。研究结果显示，子女经济支持和子女情感支持均促进了老年人旅游。从影响机制看，子女经济支持通过提高老年人自评健康好、认知功能好及收入够用的机会提升老年人旅游需求；子女情感支持通过提高老年人自评健康好、认知功能好的机会及减少老年人的负面情绪促进老年人旅游。研究结果有助于精准开发老年人旅游市场及丰富具有中国特色的老年人旅游研究。

2.5.2 代际公平内涵与理论研究

段显明等（2001）研究传统经济学的代际转移问题与可持续发展理论代际问题的区别和联系，结合可持续发展思想形成过程中有关代际问题的演化，提出可持续发展原则中蕴含了代际公平的思想，并提出代际公平的表现领域。

宋旭光（2003）以"帕累托改进"解读可持续发展的内涵，认为可持续发展是"能够保证当代人的福利增加，也不会使后代人的福利减少时的发展"，主张通

---

① 本书分别以 2010 年和 1996 年为目标年和基期年，可以理解为代际标准为 15 年。
② 代际公共品除了具有非排他性和非竞争性特征之外，还存在着代际公共品的投资者和受益者在时空维度上错位的特性，作为主要代表当代人利益的政府存在着减少代际公共品供给的动机。

过修订的"帕累托改进"①原则来判断代际之间的公平，其结论是如果不存在代际补偿，会严重损坏代际公平，导致代际之间经济福利的损失，当代政府出于维护代内公平的努力会加深这种效应。

高峰和廖小平(2004)基于经济自由主义学派、国家干预主义学派和以阿瑟·奥肯为代表的经济学家在效率与公平问题上的研究，研究代内公平、代际公平与经济效率的关系，主张代内要公平与效率兼顾，代际之间公平要优先于效率。

罗丽艳(2009)以价值创造和价值分配统一的视角，分析人力资本与自然资源在价值创造过程中的作用，指出在自然资源稀缺和存在枯竭可能性的情况下二元价值论的必然性。自然资源(是经济发展过程中不可替代的生产要素)参与了价值创造过程，必然要在代偿水平和剩余水平上参与分配，但是由于现实中自然资源所有者缺位，自然资源在分配层次上被忽略，导致自然资源无价和低价状态，引发对自然资源的掠夺性利用，出现种种不可持续发展的现象。自然资源参与代偿水平层次的分配有利于公平，参与剩余水平层次的分配有利于经济效率。

张丰(2002)从经济学角度分析代际公平的含义，指出代际公平要求对不断消耗的自然资源用其他形式的资源进行替代，以保证后代人能够获得至少不下降的福利水平；正贴现率对代际公平的影响是不确定的，并对有关自然资源项目的评估进行了有益的探索。

黄群芳等(2018)通过对代际理论发展及其在旅游研究中应用的相关文献进行详细梳理和分析，从代际理论内涵、代际划分和代际理论在旅游研究中的应用三方面综述了国内外代际理论在旅游研究中应用的最新研究进展。他们发现国外从代际理论视角研究游客旅游消费行为，既注重代际之间差异的横向对比，又重视同个代不同时段的纵向分析，还关注年龄、代群、周期性外部事件等对游客旅游活动的影响，其研究广度和深度不断拓展增强，科学的实证分析也为旅游开发管理提供了有益的理论指导。而国内相关的研究还未广泛展开。因此，当前中国在应用代际理论研究游客旅游消费行为时，应明确中国代际划分、辨析旅游消费行为，开展代际理论与区域差异耦合研究，拓展代际理论在旅游研究中的时空尺度。

---

① 该文中主张一般意义上的"帕累托改进"由于所需条件过于苛刻而难以应用，"修订的帕累托改进"通过改进中获利一方对受损方进行补偿的方法来解决代际之间的不公平问题。其实质应是代际之间的"卡尔多改进"，即在改进过程中，帕累托改进的条件无法满足，必有一方利益受到损害，在这种情况下，获利一方要以改进过程中的获得利益对受损方补偿，使之至少不比改进前状况差。在旅游开发中，"卡尔多改进"应用非常普遍，旅游开发商作为获利方出现，应对利益受到损害的当地居民和"所有者缺位"的自然资源与环境进行价值和实物补偿。

王洪兵等(2019)运用逻辑推理法、案例分析法以及法学研究的利益衡量与实质推理法等，基于体育旅游资源开发内蕴的代际公平理论，对体育旅游资源开发不同阶段内含的代际公平原则进行了相关性研究。他们认为，体育旅游项目规划、体育旅游项目建设和体育旅游经营与管理三个阶段，与代际公平理论的保存选择原则、保存质量原则、保存接触和使用原则存在对应关系，体育旅游资源开发内蕴的道德主张是其内蕴法律责任诉求的重要依据。

2.5.3 代际公平对策研究

张勇和阮平南(2005)基于国民经济的角度，从理论上建立代际公平的判别模型，并提出国际和国内两个范围内应采取的对策。

李巍等(1996)分析传统的贴现方法对于解决代际问题的不足，按照阿罗不可能性定理，从纯理论角度建立代际问题的决策框架。

洪开荣(2006)比较了传统消费观和可持续消费观的区别，以代际公平原则为基础，建立代际之间的可持续消费的博弈模型，主张在代际消费决策中要考虑后代人的利益，摒弃以当代人利益为唯一的决策标准。

黄小平(2006)从旅游资源开发过程中产生的代际外部性问题特殊表现出发，指出传统的解决外部性问题政策的无效性，如庇古税的确定受制于代际外部成本无法确定，科斯交易存在后代人缺位的问题而无法解决代际外部性问题。基于两代人的研究框架，建立有关旅游资源产权在代际间的分配与代际外部性解决方案的模型，指出影响代际公平的因素，如边际消费倾向 c 和资源开发报酬率 r，并提出解决代际外部性问题的若干政策。

邹佰峰和刘经纬(2015)认为，如何保证代际公平和经济社会的可持续发展是森林资源保护和利用的关键问题。代际补偿是解决森林资源枯竭问题的一个非常有效的途径。森林资源代际补偿的可行性途径有：激活林区政府和企业的潜力；提高代际补偿的科学化水平；提高代际补偿的实效性；拓宽代际补偿资金来源渠道。从代际公平视角切入森林资源代际补偿的理论基础，整合当前最先进的代际补偿理论，可以实现森林资源代际补偿途径的科学性和方向性。他们从系统的视角归纳总结制约森林资源代际补偿实践的各种因素，有机地将突出性和相关性相结合，保证森林资源代际补偿途径具有针对性和实效性。

2.5.4 代际公平研究的简要评述

有关学者对代际及代际公平的研究大多集中于代际的概念和一些描述性研究，对于代际公平的实践研究不够深入，主要针对一些具体的旅游活动类型展开研究，存在着代际衡量和评价基准不统一的问题。本书基于有关学者对于代际概念和代际公平的理论和实证研究，结合代际问题在现实中的表现，从理论和实践两方面分析代际在应用中的困境和悖论。

2.6　本章小结

本章对旅游可持续发展的相关文献进行综述和分析。通过对相关文献和研究成果的分析，可以看出现有研究的分布格局和状况。总体来说，有关一般意义上的研究成果相对丰富，如环境成本、代际公平等领域的成果相对较多，同旅游相结合的成果相对匮乏，基于旅游环境成本角度研究旅游可持续发展的成果相对匮乏，现有的研究主要是一些零散的研究，反映了旅游相关研究相对滞后的现实。本书基于旅游环境成本的视角研究中国旅游可持续发展问题，具有一定的理论价值和实践价值。本书将环境成本和旅游可持续发展结合起来，探索实现旅游可持续发展的途径，在选题角度上具有一定的创新价值。

3 国内外旅游可持续发展思想与实践

中国旅游业作为独立的产业部门发展始于党的十一届三中全会,旅游从外事接待部门独立出来,政治功能淡化,经济功能发挥作用,旅游开始作为产业部门在国民经济体系中发挥重要作用。随着中国改革开放的持续进行,旅游活动的经济功能逐渐强化,中国旅游市场的客源国增多、涉及面广,旅游作为一个独立的产业部门,逐渐成为第三产业的龙头和新增长极,旅游产业在国民经济体系中的地位日益重要,发挥着创造就业、拉动相关产业发展、增加财政收入等作用。进入21世纪后,尤其是近十年来中国旅游业获得了长足的发展(因为疫情原因中断)。总体来说,中国旅游业呈现高速发展的态势。

经过40多年的发展,中国旅游产业在取得辉煌成就的同时,也面临着严峻的局面,不合理的旅游开发活动对环境影响的累积效应开始显现,各种环境问题逐渐出现,单纯依靠数量型增长的旅游发展模式难以为继,影响了旅游产业的可持续发展。

本章主要研究国外和中国旅游可持续发展的实践,主要内容包括旅游可持续发展思想的产生与发展、国内外旅游发展模式、现实中旅游不可持续发展的现象、旅游不可持续发展成因的提出。

3.1 旅游可持续发展思想的产生与发展

本节主要从可持续发展思想的产生与发展、旅游可持续发展思想产生的背景、旅游可持续发展思想的形成、旅游可持续发展的概念解读、旅游可持续发展的原则五个方面研究旅游可持续发展问题。

3.1.1 可持续发展思想的产生与发展

3.1.1.1 可持续发展思想的形成——对传统经济发展模式的反思

在中国古代,早有可持续发展思想的萌芽,当时的人们在生产实践中逐渐产生了一些朴素的可持续发展思想和实践,这说明了当时人类已经意识到种群延续对农业生产的重要性,并采取了一些措施保护生态,体现了朴素的可持续发展思想。

中国古代存在着许多与可持续发展相关的思想和实践，这些思想主要体现在以下几个方面：

(1)遵循自然规律、保护生态环境的思想。早在周代，人们就认识到保护生态环境的重要性，并主张对自然资源实行适度开发。例如，《逸周书·大聚解》中提到"禹之禁，春三月，山林不登斧，以成草木之长。夏三月，川泽不入网罟，以成鱼鳖之长"；《吕氏春秋·义赏》有"竭泽而渔，岂不获得，而明年无鱼；焚薮而田，岂不获得，而明年无兽"的记载。

(2)维护生态平衡，使自然资源得以永续利用的思想。孟子在《孟子·梁惠王上》中提出："数罟不入洿池，鱼鳖不可胜食也；斧斤以时入山林，材木不可胜用也。"强调了对自然资源的合理利用和保护其再生能力。

(3)"天人合一"的哲学思想。中国古代哲学家认为人类与自然是一个整体，人应与自然和谐相处，这种思想承认人类社会是自然生态系统中的子系统，与西方的"天人二分法"截然不同。

(4)"取物不尽物"的生态伦理道德。儒家主张有限地利用自然资源，反对破坏性地开发生物资源，如"子钓而不纲、弋不射宿"体现了对动物的珍惜。

(5)"取物以顺时"的环保思想。儒家根据季节变化的生态规律，主张按照季节合理安排农事活动。

(6)"民胞物与"的天人和谐关系。张载提出"民胞物与"的观点，认为人与天地万物是平等的关系，应和谐共处，这与当代生态伦理学的观点相似。

(7)实践层面的体现。古代中国在实践中通过设置专门的政府机构，如虞衡制度、颁布法律法令以及建立自然保护区等方式，体现了对生态文明的追求。

(8)"仁者以天地万物为一体"的整体观念。宋明儒者如程颢、王阳明提出，人应将仁爱扩展至天地万物，形成息息相关的有机整体。

这些古代的可持续发展思想，不仅在当时起到了重要的指导作用，也为今天解决环境问题和推动生态文明建设提供了宝贵的智慧和启示。

现代意义上的可持续发展思想源于人们对传统线性发展模式的反思。传统经济学思想指导下的线性经济发展模式遵循"资源—产品—废弃物"的单向线性物质、能量流动，产品一旦生产出来就进入消费领域，并直接形成废弃物进入生态环境中。这是一种粗放型的经济发展模式，呈现"三高一低"的特征，即高投入、高消耗、高污染、低效益的经济增长方式，实现了数量型经济增长的目标，有增长、无发展，导致许多自然资源的短缺或枯竭，并造成了严重的环境污染和生态破坏，各种环境公害事件屡次出现，这些问题对自然生态系统的稳定平衡反馈机制带来了不可逆的影响。人们逐渐认识到传统经济发展模式的不可持续性会给人类带来灾难性的影响，甚至危及人类的生存。人们开始改变生产方式，实施可持续发展战略，实现社会系统、经济系统、生态系统的和谐统一。

3.1.1.2　可持续发展演化的代表性事件

可持续发展思想的形成有一个逐渐演化的过程，其理论体系和概念的形成是一个逐渐深化提高的过程。

国际主要代表性事件包括：①1972年6月，在联合国的主导下，世界各国政府在瑞典首都斯德哥尔摩一起讨论环境问题，这是第一次全球范围内对环境问题的讨论和关注，会议通过了《联合国人类环境会议宣言》，呼吁人们关注环境问题，改善人居环境，造福包括后代人在内的全体人类。这次会议及其通过的宣言可以看作是现代意义上的可持续发展思想的萌芽。②世界自然保护联盟（IUCN）于1980年发表的《世界自然资源保护大纲》首次提出"可持续发展"，其含义是将保护自然同人类的经济发展结合起来，强调人们要合理利用生物圈，既要满足当代人的需要，也要考虑后代人的需求与愿望，基本涵盖了可持续发展的基本框架。③可持续发展作为正式概念的提出，人们公认是出自《布伦特兰报告》。1987年，世界环境和发展委员会（WCED）发表了《我们共同的未来》（*Our Common Future*）的报告，即著名的《布伦特兰报告》，根据该报告所做的权威解释，所谓"可持续发展"是指"既满足当代人需要，又不对后代人满足其需要的能力造成危害"的发展。根据该定义的解释，可持续发展包含两个关键性概念：一是可持续发展要满足人类需求，尤其是低收入阶层的需求，因为环境损害和污染事件的主要受害者是低收入阶层；二是发展要有可持续性，这就要求人类的经济活动不应突破环境或自然的限制，否则必然会导致环境公害的发生，进而影响到后代人满足自身需求的能力。因此可持续发展的评价和衡量体系有三大类型的指标，分别为经济方面的指标、社会方面的指标和环境方面的指标。经济方面的指标衡量发展的要求；社会方面的指标衡量公平的要求，包括代内公平和代际公平；环境方面的指标衡量人类活动对自然的影响，三者缺一不可，否则可持续发展就失去了存在的基础。④1992年，联合国在巴西里约热内卢召开的环境与发展会议在可持续发展的历史上具有划时代的意义。会议通过了《里约环境与发展宣言》《21世纪议程》等全球协议和原则声明，标志着人类开始把可持续发展思想由理论转向实践，明确提出了要摒弃传统的依靠消耗大量资源、以牺牲环境为代价的经济发展模式，选择能够实现经济系统、社会系统和生态系统和谐统一的可持续发展模式。

中国主要代表性事件包括：①1994年，中国政府明确提出"走可持续发展之路，是中国在未来和下一世纪发展的自身需要和必然选择"①，这表明中国要实施可持续发展战略，并制定了一系列的方针、政策和具体措施，成为中国未来经济发展的长期战略选择。②1998 年 10 月，党的十五届三中全会通过的《中共中央关于农业和农村工作若干重大问题的决定》指出，实现农业可持续发展，必须加强以水利为重点的基础设施建设和林业建设，严格保护耕地、森林植被和水资源，防治水土流失、土地荒漠化和环境污染，改善生产条件，保护生态环境。③2000 年 10 月，党的十五届五中全会通过的《中共中央关于制定国民经济和社会发展第十个五年计划的建议》指出，实施可持续发展战略，是关系中华民族生存和发展的长远大计。④2002 年 11 月，党的十六大把"可持续发展能力不断增强，生态环境得到改善，资源利用效率显著提高，促进人与自然的和谐，推动整个社会走上生产发展、生活富裕、生态良好的文明发展道路"作为"全面建设小康社会的目标"之一，并对如何实施这一战略进行了论述。⑤中国在可持续发展方面采取了积极的措施，并取得了显著的进展。中国政府坚持以人为本的发展思想，致力于消除贫困、保护环境和推动绿色低碳发展。当前中国已经历史性地解决了绝对贫困问题，提前 10 年实现了 2030 年可持续发展议程的减贫目标。在环境保护方面，中国建立了全球最大的清洁能源系统，并在能源利用、应对气候变化、保护陆地生态系统等多个可持续发展目标上取得了显著进展。⑥中国积极参与全球气候治理，提出并实施了一系列重要的环保政策和措施。2013 年 9 月，国务院正式发布了《大气污染防治行动计划》。该计划指出，奋斗目标：经过 5 年努力，全国空气质量总体改善，重污染天气较大幅度减少；京津冀、长三角、珠三角等区域空气质量明显好转。力争再用 5 年或更长时间，逐步消除重污染天气，全国空气质量明显改善。习近平主席在多个国际场合强调，中国将力争在 2030 年前实现碳达峰、2060 年前实现碳中和，并践信守诺，携手各国走绿色、低碳、可持续发展之路。此外，中国还提出了全球发展倡议，旨在推动国际社会更加重视发展问题，加快落实联合国 2030 年可持续发展议程，构建全球发展命运共同体。

3.1.1.3 可持续发展的概念解读与实质

《布伦特兰报告》给出的可持续发展定义是"既满足当代人需要，又不对后代人满足其需要的能力造成危害"②，这是一种描述性的定义，因此人们对可持续发展内涵的理解并不一致。人们对可持续发展的理解有一个深化的过程，最初的

---

① 中国 21 世纪议程——中国 21 世纪人口、环境与发展白皮书 [M]. 北京：中国环境科学出版社，1994.

② World Commission on Environment and Development（WCED）. Our Common Future：Report of the World Commission on Environment and Development [M]. Oxford：Oxford University Press，1987.

可持续发展强调在发展经济的同时，要保护和改善环境，使经济和环境协调发展。随着理论研究的深入和环境问题的严重性，可持续发展的内涵进一步深化，学者们从不同的专业角度来分析和研究可持续发展问题，极大地拓展了其研究领域。本书仅从经济学的角度来分析。

从经济属性来分析可持续发展的内涵。可持续发展的核心是自然生态系统要满足经济发展的需要，但这种经济发展模式不是传统意义上那种高投入、高消耗、高污染、低效益的经济增长方式，未来经济的发展不能再走以牺牲环境和资源为代价换取经济发展的老路，必须保证在不降低环境质量的基本前提下，换取经济的长期可持续性发展，在实现当代人经济福利的同时，不至于损害到后代人发展的权利和福利要求。

一般认为，可持续发展包括三层含义：一是可持续性(Sustainability)，强调经济的可持续发展首先要保证人类社会永续地存在下去；二是可持续发展(Sustainable Development)，人类的发展不仅包括经济的发展，更要保护资源和环境，提高资源利用效率，以满足当代和后代在内的所有人类发展的需求；三是可持续利用(Sustainable Utilization)，人类的经济活动对资源的需求不应超过可再生资源的更新速度和寻找不可再生资源的努力。可持续发展理论涵盖三个不同的领域，即生态系统、经济系统和社会系统，从而就要求这三个方面的可持续性，即生态的可持续性、经济的可持续性和社会的可持续性。只有实现三个系统的和谐统一，做到三个层次的可持续性，才能保证当代人对资源的需求不至于损害到后代人满足其需求和福利的能力，实现可持续发展的目标，保证人类社会和自然系统都能稳定地、永续地存在下去。

3.1.1.4　可持续发展的原则

虽然人们对可持续发展的概念有着不同的理解和分歧，但是人们也对可持续发展的一些原则达成了共识，主要有以下三个原则：

(1)公平性原则。一般认为可持续发展的公平性原则包含三层意义：一是本代人的公平，即同代人之间的横向公平性。可持续发展所追求的是要满足全体民众的基本需要，尤其是低收入国家、地区和阶层的需要，要给予全世界各地以平等的发展机会，要把消除贫困作为可持续发展的首要任务。二是代际间的公平性，即当代人与后代人的纵向公平性。这就要求当代人在发展经济的时候要保证留给后代人的自然资本存量不低于从前代人所继承的存量，不能以损害后代人的利益来换取当代人的发展和福利。三是公平分配有限的资源。在保证各国自由发展本国经济权利的同时，各国也负有保证自己的发展不应对他国和世界环境造成损害的义务，防止公地悲剧的出现。笔者认为，除了上述三个公平性要求之外，还应考虑到人类同其他物种的公平性，因为其他物种为人类提供了生产生活所需，它们同人类一样也是自然生态系统的组成部分，理应获得自己生存的权利，但是其他物种所有人或代理人的缺失，致使其利益无法得到保证。人类不断地扩充自己的地盘，侵占其他物种的生存空间，是导致生态破坏和物种灭绝的主因。

（2）可持续性原则。人类的经济活动和社会活动必然会对生态系统的平衡造成扰动，这种扰动如果是在自然资源和环境的承载能力范围内，自然生态系统的自动回复反馈功能能够使其恢复到稳定的平衡状态，这是可持续发展的先决条件。传统以"三高一低"为主要特征的发展模式产生的污染和破坏对生态系统的平衡造成了不可逆的影响，生态系统在这种干扰下偏离其稳定的平衡状态，导致功能紊乱，也就失去了可持续发展的基础。因此，人类经济活动和社会发展的速度和规模不能超过自然资源和环境的承载能力。

（3）共同性原则。可持续发展作为全球发展的总目标，所体现的公平性和可持续性是共同的，必须采取全球一致的行动，按照可持续发展的目标和原则约束自己的行为，实现人类社会和自然之间的和谐共生、互惠共存，惟其如此，可持续发展的目标才能实现，人类社会才能世代延续。

3.1.2　旅游可持续发展思想的产生背景与形成

3.1.2.1　旅游可持续发展思想的产生背景

背景一：传统旅游发展模式的反思。受传统经济发展观的影响，早期的旅游发展遵循传统工业的发展模式，依靠对旅游资源的粗放利用来维系旅游产业的发展。旅游产业由于其特殊性质，即必须高度依靠自然资源来发展，可以说自然资源是旅游产业的首要生产要素，同时旅游活动也会对环境造成损害甚至导致污染和生态破坏，加上一些错误思想的指导，如"旅游是投资少、见效快""旅游是无烟产业"等，旅游经济在保持数量型高速增长的同时，也带来了严重的物质环境问题和社会文化问题(李天元，2004)，如旅游资源特色的丧失、景区环境污染严重、生态环境系统失衡等。

背景二：可持续发展理论和实践的出现。如前文所述，可持续发展思想的兴起是人们对传统发展模式反思的结果，引发了经济发展模式的变革，由传统的粗放增长方式转向了可持续发展模式，这也就必然会影响旅游发展模式的变革。

背景三：旅游产业同自然资源环境的天然融合性。旅游经济作为国民经济体系的组成部分，同时也是与自然资源环境联系最密切的产业之一。从旅游产业对自然资源和文化遗产的依赖来看，旅游产业是最需要贯彻，也是最能体现可持续发展思想的领域，旅游产业与可持续发展之间是天然的耦合关系，因此旅游可持续发展在整个可持续发展体系里面理应占有重要的地位。旅游产业与自然资源环境的融合是一个复杂而多维的过程，涉及经济、社会和环境的可持续发展。①生态旅游与环境保护。推动绿色旅游发展，加强对旅游发展方式和消费方式的引导，推动形成集约资源、保护环境、节能低碳、主客共享的旅游发展格局。生态旅游是依托森林、草原、湿地、荒漠及野生动植物资源开展的观光、游憩、度假、体验、健康、教育、运动、文化等活动，是践行"绿水青山就是金山银山"理念的有效路径。②可持续旅行。可持续旅行是指充分考虑当前和未来的经济、社会和环境影响，满足游客、产业、环境和东道主多方需求的旅行。可持续旅行不仅关注环境友好，还涉及文化遗存和经济部门。例如，低碳出行、尊重旅游地当地社会文化、确保为当地居民的就业与收入提供更多机会等。③政策支持与保障措施。政府在推动旅游业高质量发展方面采取了一系列措施，包括加大优质旅游产品和服务供给、激发旅游消费需求、加强入境旅游工作、提升行业综合能力等。例如，实施美好生活度假休闲工程、体育旅游精品示范工程、乡村旅游提质增效行动等。通过这些措施和理念，旅游产业与自然资源环境的融合不仅能够促进经济发展，还能保护和利用自然资源，实现经济、社会和环境的可持续发展。

3.1.2.2 旅游可持续发展思想的形成

早期旅游可持续发展思想来自国际会议，是结合实践提出的，以下是通过国际会议形成的旅游可持续发展思想：

1989年，荷兰海牙召开的各国议会旅游大会首先明确提出旅游可持续发展的口号。

1990年，加拿大召开的"地球90国际大会"提出旅游可持续发展理论的主要框架和目标，比较全面地反映了旅游可持续发展的行动领域和基本内容。

1993年，在英国诞生的 *Journal of Sustainable Tourism* 标志着旅游可持续发展在研究领域形成规模。

1995年，联合国教科文组织、环境规划署和世界旅游组织等在西班牙召开的可持续旅游发展世界会议，通过了《可持续旅游发展宪章》和《可持续旅游发展行动计划》，为世界各国提供了一套行为准则和具体的操作程序。

2002年，在南非约翰内斯堡召开的第一届可持续发展世界首脑会议（World Summit on Sustainable Development，WSSD），是继1992年在巴西里约热内卢举行的联合国环境与发展会议和1997年在纽约举行的第十九届特别联大之后，全面审查和评价了《21世纪议程》执行情况，重振全球可持续发展伙伴关系的重要会议，标志着可持续发展思想逐渐进入世界各国的政府层面。

3.1.3 旅游可持续发展的概念解读

旅游可持续发展已经在世界各地得到广泛响应，虽然人们对于其概念有着不同见解，但是人们也对旅游可持续发展达成一定共识，强调旅游可持续发展要提高旅游产品质量和扩大接待量，同时要避免对自然环境产生消极作用。旅游可持续发展的基本目标包括以下五点：①增进人们对旅游所产生的环境影响与经济影响的理解，加强人们的生态意识；②促进旅游的公平发展；③改善旅游接待地区的生活质量；④向旅游者提供高质量的旅游经历；⑤保护未来旅游开发赖以存在的环境质量。通过对上述目标的理解，旅游可持续发展实际上包括两个方面，即旅游活动的可持续发展和旅游产业的可持续发展。

现代意义上的旅游可持续发展思想是一种综合考虑经济、社会和环境三方面因素的旅游发展模式，旨在确保当代人享受旅游带来的益处，同时不损害后代人满足其需求的能力。以下是一些关键点：

（1）生态优先和绿色发展。旅游可持续发展强调在旅游开发过程中保护自然环境和生态系统的重要性，遵循"绿水青山就是金山银山"的理念，注重开发与保护并举。

（2）因地制宜和特色发展。根据旅游地的区域特点和资源禀赋，发展具有地方特色的旅游产品，避免同质化竞争和低水平重复建设。

（3）以农为本和多元发展。坚持以农业和农村为依托，尊重农民意愿，注重农民的参与和受益，同时吸引社会资本和经营主体投入乡村旅游的发展。

（4）丰富内涵和品质发展。挖掘和保护乡村传统文化，提升乡村旅游的人文内涵，推动旅游产品向精品化、品牌化发展。

（5）共建共享和融合发展。推进乡村旅游与农业、教育、科技、体育、健康等领域的深度融合，实现农村一二三产业融合发展。

（6）可持续旅游指标体系。构建包括经济、社会、资源与环境协调发展程度的指标体系，以全面衡量旅游业的可持续发展水平。

（7）国际合作与认证。如全球可持续发展旅游委员会（GSTC）所推动的，通过国际标准的认证，促进旅游目的地的可持续发展实践。

（8）减少环境影响。旅游业应采取措施减少旅游活动对环境的负面影响，如限制旅游规模、减少资源消耗、降低污染排放等。

（9）提升社区参与和福祉。确保旅游发展能够提升本地社区的福利和幸福指数，支持自然及文化遗产的保护。

（10）持续改进和创新。旅游可持续发展是一个持续的过程，需要不断地设定新目标、采纳新技术和方法，以实现长期的可持续发展。

通过这些关键点，可以看出旅游可持续发展思想是一个全面和系统的概念，需要旅游行业、政府、社区和游客等多方的共同努力和参与。

3.1.4　旅游可持续发展的原则

总体来说，旅游可持续发展主要包括四个原则：

（1）公平性原则。公平性原则主要涉及两个层面：一是同代人之间的公平，旅游可持续发展要求既要尊重人们旅游的权利，也要考虑旅游接待地居民的利益。由于旅游活动的特殊性，即必须依靠自然资源才能从事经营活动的特征，决定了旅游活动同旅游目的地的生态系统有着千丝万缕的联系，也势必对旅游接待地居民的生产生活造成冲击，因此当地居民有参与旅游开发决策和参与利益分配的权利。二是代际公平，即不同代际的人们对旅游资源拥有平等的权利，当代人开发旅游资源，享受旅游活动的乐趣，不应影响到后代人开发旅游资源的权利，不能以损害后代人旅游利益为代价换取当代人的旅游收益，这就要求当代人要保护性开发旅游资源，旅游活动的部分收益要留作保护资金，对环境资源进行实物和价值补偿，实现旅游经济的可持续发展。

（2）可持续性原则。只有旅游供给与需求双方都能长期存在，才能保证旅游经济的可持续发展，因此旅游需求的不断满足和作为供给基础的生态系统的可持续性是旅游可持续发展的首要条件，要求旅游业的发展要建立在旅游目的地生态系统和社会环境承受能力的范围内。评价这一能力的概念是旅游承载力，即在没有产生不可接受的物质环境影响下，在没有明显降低游客旅游经历质量的前提下，能使用的某一旅游目的地的最大游客量。

（3）共同性原则。旅游可持续发展作为全球旅游发展的总目标，所体现的公平性原则和可持续性原则是共同的，实现这一目标需要全球协同行动。各个国家、地区发展程度不一，旅游资源分布不同，导致其旅游可持续发展的具体措施和政策不能完全一致，因此需要世界各国、研究机构、行业协会、旅游行业相关主体加强合作，共同为旅游可持续发展做出努力。

（4）利益协调性原则。主要指旅游发展要协调好旅游者与旅游接待地居民的利益分配。旅游经济的发展一方面要注意满足旅游者的需求，为其提供高质量的旅游经历；另一方面要注意通过旅游经济的发展，提高旅游接待地居民的生活质量，两者缺一不可。现实中，旅游发展更多的是强调旅游者的利益，在一定程度上忽视了当地居民利益的实现，当两者发生冲突时，往往偏向让位于旅游者的利益。因此，只有协调好两者的关系，才能保证双方利益的长期实现，为旅游可持续发展奠定良好的微观基础。

3.2　国内外旅游发展实践

上节分析了旅游可持续发展思想的产生与发展。本节在上述理论研究的基础上，主要分析国内外旅游发展的实践及其引发的环境问题。

3.2.1　早期旅游活动历史简述

旅游包括旅行与游览两部分内容。人类旅游活动的萌芽可以追溯到原始社会。原始人类迫于生活环境的压力和生存的需要，不断地进行着迁徙活动，甚至在近代仍有一些偏僻的部落还从事着这类原始的迁徙活动。这种空间上的转移属于旅行活动，其典型特征是被动式的活动，是出于生产活动的需要，基本不涉及经济活动，这同现代人类主动式的、出于消遣目的的旅游活动有本质区别。这一阶段可以称为旅游萌芽阶段，主要存在于原始社会。

中国古代的旅游活动包括政治军事旅游、士人阶层的旅游、商贸之旅、宗教旅游以及民间群体的旅游活动。例如，孔子带领弟子周游列国、张骞出使西域以及唐玄奘西行取经等，都是中国古代旅行的佳话。

随着生产力的发展和社会分工的深化，开始出现了出于生产以外目的的旅行活动，如从事探险、科学考察、宗教信仰与商业旅行等，尽管这类活动也涵盖部分游览成分，但其主要目的仍是旅行，只有一些特权阶级才有时间和财富进行旅游消遣活动。这一时期旅游活动的基本特征有：涉及少量的经济活动成分，一般不涉及旅游产品的生产和交换，在当时国民经济体系中处于次要地位或者可以忽略的地位；旅游活动的需求主体是少量特权阶级和富人阶层，没有出现专门从事旅游活动的企业、机构等供给主体，大众化的旅游活动尚未产生。这一阶段可以称为特权阶级旅游阶段，主要存在于奴隶社会、封建社会和工业革命以前的资本主义社会。

发源于英国的工业革命极大地促进了生产力的发展和科学技术的进步，带来了劳动生产率的提高，机器大工业逐渐取代工场手工业成为占统治地位的生产方式，为资本主义的发展奠定了坚实的物质基础，大大促进了商品经济的发展。工业革命也为旅游业的发展创造了必要的条件，可以从旅游需求、旅游供给、旅游媒介三个方面理解：第一，旅游需求方面，工业革命促进了劳动生产率的提高，提高了普通民众的可支配收入水平，闲暇时间也可以满足短途旅游的需要，大众化旅游成为主要的旅游方式。第二，旅游供给方面，工业革命促进了商品经济的发展，引发旅游服务结构和设施的完善、服务质量的改进和舒适程度的提高，如旅馆的完善和娱乐设施的发展等。第三，旅游媒介方面，铁路技术的发展使人们长距离旅行成为可能，极大地缩短了旅游客源地与旅游目的地的经济距离①，拓展了人们的旅游空间；1845 年，托马斯·库克（Thomas Cook）成立了世界上第一家旅行社。此后，作为旅游者和旅游供给企业媒介的旅行社逐渐发展起来，将旅游这一社会现象作为其盈利目标的经营对象，降低旅游者的交易费用，扩大了旅游市场总量。工业革命对近代旅游发展产生了显著影响，它改变了人们的生活环境和工作性质，增加了经济上有条件外出旅游的人数，并使大规模的人员流动在技术上成为可能。托马斯·库克因其在旅游活动的组织和推广上的贡献，被誉为旅游业的先驱。

受以上三个因素的影响，旅游开始作为一个产业部门发展起来，其经济总量日益扩大，到 1992 年，旅游业的产值已经超过钢铁、石油、汽车等传统产业，成为世界第一大产业。同时旅游产业在国民经济体系中的地位日益提高，在一些国家或地区，旅游产业成为其支柱产业，在国民经济体系中的比重很高，尤其以岛国模式的国家为甚。这一阶段的特征主要有：涉及大量旅游产品的生产和交换，在国民经济体系中地位比较重要，有的成为当地的支柱产业；普通民众作为旅游需求的主体，旅游供给日益完善，旅游方式日益多样化。这一阶段可以粗略称为现代旅游阶段，亦即工业革命以后的历史时期。

3.2.2 国外旅游发展模式研究

世界各国在发展旅游经济的过程中，由于社会制度、政治体制、经济发达程度、地理位置、文化背景以及旅游资源条件的差异，综合各种因素考虑，逐渐形成了不同的旅游经济发展模式。旅游经济发展模式是指一个国家或地区在某一特定时期内旅游产业发展的总体方式（田孝蓉，2006）。

各国从旅游产业的形成、发展及其与国民经济的关系出发，可以分为超前发展模式和滞后发展模式。超前发展模式是指旅游产业的发展超越了国民经济的总体发展阶段，通过旅游产业的发展来推动和促进国民经济相关产业的发展，这种发展模式不能按照一般的产业发展规律来解释。滞后发展模式是指旅游产业的发展遵循一般的产业演化规律，在国民经济发展到一定程度后，自然而然地形成和发展旅游产业的模式。按照旅游产业发展的调节机制划分，包括市场主导型和政

---

① 经济距离是指旅游者往返于客源地与目的地所需要的时间和费用，同空间距离有关，但更大程度上取决于两者之间的交通状况和调度能力。

府主导型两种模式。

下面以海外各国在旅游发展实践中所形成的四种模式进行案例分析。

3.2.2.1 美国模式

美国模式以美国为代表，属于经济发达、旅游业也发达的旅游发展模式，主要包括北美和西欧的发达国家，如美国、英国、德国、法国、加拿大、荷兰、比利时、挪威等国。服务业在这些国家的国内生产总值中所占比例较高，一般在50%以上；旅游收入占商品出口总收入的比重约为10%（朱伟，2021）；旅游业的发展是以扩大就业、稳定经济为主要目标；旅游管理体制以半官方旅游机构为主，其管理职能主要是推销与协调。这些国家旅游业务开展的历史悠久，旅游产业比较成熟，法律法规比较健全，但是旅游行政管理比较松散，不直接从事或干预旅游企业的经营。旅游经营体制以公司为主导、以小企业为基础，行业组织发挥着重要作用。在这些国家中，由于多年的竞争，在旅游业中形成一些大的公司，甚至是跨国公司，在旅游市场中起主导作用；由于旅游业的发展比较多元，旅游业同时存在为数众多的小企业，它们有着灵活的经营方式。

美国旅游业的发展模式具有以下显著特点：

（1）丰富的旅游资源。美国拥有极其丰富的旅游资源，包括森林、湿地、湖泊、河流、草原、沙漠、高山、火山、峡谷、冰雪和海洋等。这些自然景观加上现代化的科学和文化设施，吸引了大量游客。

（2）完善的基础设施。美国的交通网络非常发达，包括铁路、公路和航空。19世纪中叶，美国相继修建了铁路，极大地提高了铁路运输的效率。随着汽车运输的兴起，乘火车旅行逐渐被汽车旅行所替代。1940年，宾夕法尼亚州第一条高速公路的修建进一步推动了旅游业的发展。

（3）发达的市场机制和成功的管理体制。美国的旅游业经营以大企业为主导、以小企业为基础，几乎全部为私营企业。经营组织网络完善，科技含量高。美国旅游行政管理体制主要以地方政府为主，半官方的机构予以支持。美国不仅是重要的旅游接待国，还是主要的旅游客源国。

（4）政策的支持和促进。美国从联邦政府到各州政府以及旅游城市政府都非常重视旅游产业的发展。早在20世纪70年代，联邦政府就制定了一系列政策措施促进和扶持旅游业发展。

（5）旅游业的现代化和创新。随着时间的推移，美国旅游业也在不断推动创新和现代化发展。例如，迪士尼公司推动佛罗里达州成为重要的旅游业中心，奥兰多等城市迅速崛起。此外，旅游业的发展也与交通运输等紧密相关，推动了加勒比地区经济和生态环境的重塑。

(6)可持续旅游的兴起。近年来,美国的旅游业也在向可持续旅游转型。环保住宿、生态旅游、替代交通方式(如火车旅行、电动汽车公路旅行)以及慢行旅行等趋势正在兴起,反映了人们对环境影响的日益关注。

这些特点共同构成了美国旅游业的发展模式,使其成为全球旅游业的重要领导者。

美国在旅游业的可持续发展政策方面采取了多种措施,以下是一些关键政策和实践:

(1)完善的国家公园管理体系。美国拥有世界上最复杂、最精心设计、数量和规模最大的国家公园体系。美国国家公园管理局(National Park Service)负责管理这些公园,并与国家公园基金会等机构合作,确保公园的可持续发展。

(2)分权的旅游管理体制。美国实行三级分权管理,包括联邦政府、州政府及目的地营销组织。商务部下属的旅行与旅游产业办公室负责全国旅游事务,提升美国旅游竞争力,并促进联邦政府部门之间的旅游合作与协调。

(3)公私合作的旅游营销。美国通过《旅行营销法案》成立了 Brand USA,这是一个公私合作的旅游营销机构,负责在全球推广美国旅游目的地,并协调签证和入境政策。Brand USA 与超过 700 个伙伴机构合作,显著提升了美国旅游业的经济贡献。

(4)环保住宿的兴起。随着生态意识的增强,越来越多的旅行者选择对环境影响最小的旅馆或酒店,如利用可再生能源的生态旅馆和城市酒店。

(5)可持续旅行的应用程序和资源。数字工具让旅行者更容易做出环保决策,从跟踪碳排放到寻找可持续的餐饮选择,帮助旅行者规划符合其环境价值观的旅行。

这些政策和措施共同推动了美国旅游业的可持续发展,确保旅游活动在经济、社会和环境方面都能实现长期效益。

3.2.2.2 西班牙模式

西班牙模式的基本特征:地理位置比较优越,毗邻主要旅游客源国;旅游资源丰富而独特,大多是度假胜地、历史遗迹、风土人情旅游地;国民经济比较发达,人均国民生产总值一般在 1000 美元以上;服务业占其国内生产总值的比重也在 50% 以上。属于这一模式的国家或地区有西班牙、葡萄牙、意大利、奥地利、希腊、瑞士、摩洛哥、突尼斯、泰国、土耳其、墨西哥、新加坡、以色列等。西班牙模式的特点主要有以下几个方面:一是旅游业是国民经济的支柱产业。这些国家依托其地理位置与旅游资源的优势,旅游业已成为国民经济的支柱产业,一般国际旅游收入占其商品出口收入的 10% 以上,旅游业的收入相当于国内生产总值的 5%~10%（朱伟，2021）。二是旅游发展速度快。在国际旅游者接待人次数和国际旅游收入指标上，其发展速度都高于世界旅游平均增长速度，也高于美国模式国家的平均速度。三是以大众市场为目标。这些国家旅游资源集中，特点突出，而且又多靠近主要客源国，有便利的交通条件，因此，这些国家的旅游业务多以邻国的大众旅游市场为主要目标，特别是邻国与本区域内的驾车旅游、周末旅游或短期度假旅游等。

西班牙旅游业的发展模式具有以下显著特点：

（1）强劲的旅游竞争力。西班牙在联合国世界旅游组织（UNWTO）发布的《2015 年旅游业竞争力报告》（*The Travel & Tourism Competitiveness Report* 2015）中荣获最具旅游竞争力国家，2015 年西班牙旅游竞争力首次位列全球第一。

（2）有效的公私合营模式。西班牙高度重视旅游营销和推广，采取有效的公私合营模式，协调外交部等政府部门，推动多方合作，实施总体营销战略。

（3）国家旅游品牌策略具有连续性。西班牙的旅游品牌策略具有连续性，通过持续的营销和推广活动，加强了国家旅游形象的建设。

（4）积极发展可持续旅游项目。西班牙近年来积极发展以亲近自然、保护生态、注重科技和文化体验等为主要特色的可持续旅游项目。某些自治区联合推出"生态旅游走廊"，整合区域生态旅游资源，设计基于可持续发展模式的旅游产品和服务。

（5）多元化的旅游产品。西班牙推出包括"文化旅游""生态旅游""体育旅游"等多元化的可持续旅游产品，针对不同用户需求，开发不同的旅游线路和活动。

（6）生态旅游的创新亮点。西班牙的生态旅游项目，如橄榄油产地游览路线"油之旅"，为游客提供了解当地特色产业的机会，并体验乡间野趣。

（7）重视文化遗产的保护与开发。西班牙重视文化遗产的保护与开发，如将古堡改建成豪华酒店，提供特殊的旅游和文化体验，同时实现遗产的持续发展。

这些特点共同构成了西班牙旅游业的发展模式，使其成为全球旅游竞争力强的国家之一。

西班牙旅游业的可持续发展着重于以下几个方面：

（1）智慧旅游产业的发展。西班牙的瓦伦西亚获得"2022 欧洲智慧旅游之都"称号，致力于发展智慧旅游产业，推动旅游业的可持续发展和数字化转型，改善游客体验。

（2）可持续旅游目的地的推广。西班牙国家旅游局协同各地区相关组织和机构推介"可持续旅游目的地"，提升旅游目的地知名度，并推出多元化可持续旅游产品，开发不同的可持续旅游线路和活动。

（3）生态旅游走廊的建设。例如，阿斯图里亚斯自治区联合其他自治区推出"生态旅游走廊"，整合区域生态旅游资源，设计基于可持续发展模式的旅游产品和服务。

（4）旅游资源和设施的保护。西班牙政府主导出台"未来"计划，聚焦于能源节约与环境保护方面，改善旅游设施的可持续性。

（5）环境管理与认证体系的完善。西班牙启动"可持续旅游城市"项目，在多个旅游目的地执行欧盟环境管理与认证体系，以提高旅游企业的环保意识和实践。

（6）旅游政策的制定。西班牙政府把发展旅游作为应对经济危机的重要手段，制定相关的旅游政策，提供资金支持旅游部门，改善旅游供给和基础设施。

通过这些政策和措施，西班牙模式的旅游可持续发展旨在实现旅游业与环境保护、当地社区发展之间的平衡，以确保旅游业的长期健康发展。

3.2.2.3　印度模式

属于印度模式的国家大多国民经济相对落后，人均国内生产总值在 500 美元以下，农业是国民经济的主体，工业与服务业均处于较低发展水平。属于该模式的国家包括印度、巴基斯坦、尼泊尔、斯里兰卡、孟加拉国、坦桑尼亚、肯尼亚、卢旺达与不丹等。从旅游业发展的情况来看，具有下列特点：一是具有特殊的旅游资源，但旅游业的发展受经济落后的制约。这些国家拥有一些独特的旅游资源，有发展旅游业的潜力，但由于经济发展落后、资金短缺，旅游设施薄弱、人才缺乏，旅游资源的潜力难以充分发挥出来。二是旅游管理体制不完善。这些国家虽然设立了不同的管理机构，但是对旅游业的认识不一致，旅游业的发展不稳定，往往得不到有关部门的重视与支持。三是国有企业发挥着主要作用。这些国家为了发展旅游业，国家专门成立旅游开发公司，从事资源开发和旅游服务设施的投资、建设和经营，由于旅游业规模小、范围窄，涉及外汇收入与外国人的活动，这些国有公司在一定程度上占据着垄断地位。

印度旅游业的发展模式具有以下特征：

（1）强劲的经济增长和中产阶级壮大。印度经济的强劲增长和中产阶级的壮大推动了旅游收入的快速增长，预计到 2030 年，印度国内外旅游支出将显著增加。印度出境旅游市场增长迅速，受到日益壮大的中产阶层推动，出境游人数显著增加。

（2）年轻的旅游人口。印度拥有热爱旅行的年轻人口，他们寻求新奇体验，倾向于通过社交媒体平台获得灵感，并自主规划旅行。

（3）重视可持续旅游。虽然可持续旅游对印度游客很重要，但是尚未成为主导因素。印度旅游部通过 Swadesh Darshan 2.0 计划推动以可持续旅游为核心的整体旅游主张。

（4）二三线城市的旅游业逐渐发展。除了传统的大城市外，印度的二三线城市如瓦拉纳西和哥印拜陀等地越来越受到游客的欢迎。

（5）政府的支持和签证便利化。印度政府积极支持旅游业的发展，推进签证便利化措施，吸引更多游客入境。

（6）旅游业的国民经济贡献较高。旅游业在印度国民经济中占有重要地位，对 GDP 的贡献接近 10%（朱伟，2021），并且提供了大量的就业机会。

（7）创新的旅游业态。印度旅游业在医疗旅游、瑜伽旅游、宗教旅游等方面进行了创新发展，提供了多样化的旅游产品和服务。

这些特点共同构成了印度旅游业的发展模式，显示出其在国内外旅游市场的潜力和活力。

印度旅游业的可持续发展措施涉及多个方面，以下是一些具体的措施：

（1）发展生态旅游。印度拥有众多国家公园和野生动物保护区，提供野生动物狩猎之旅作为生态旅游的一部分，让游客欣赏大自然之美，同时鼓励保护自然资源和野生动物。

（2）设立国家绿色法庭。印度设立了国家绿色法庭，以确保环境保护的法律和政策得到有效执行，并解决环境纠纷。

（3）推动新型的社区旅游。通过寄宿家庭计划等社区旅游项目，促进当地社区的参与，同时确保旅游活动的可持续性。鼓励游客购买当地手工艺品、在当地餐馆用餐、使用本地向导和参加当地活动，以支持当地经济和社区发展。

（4）保护野生动物。印度注重野生动物的保护工作，通过各种保护区和保护项目来维护生物多样性。在享受环境和野生动物的同时，游客必须尊重它们，并遵守相关法律和规定，不干扰动物或其栖息地。

（5）使用可再生能源。鼓励在旅游设施中使用太阳能等可再生能源，减少对化石燃料的依赖。印度政府实施了废物管理政策，以减少旅游活动产生的垃圾对环境的影响。印度政府已经实施了多项举措来减少塑料的使用，游客也被鼓励减少塑料足迹，如携带可重复使用的水瓶和袋子。

（6）提供环境教育。通过教育旅游、文化沉浸和志愿服务等活动，提高游客和当地社区对可持续旅游的认识和参与。

通过这些措施，印度正努力推动旅游业的可持续发展，以实现环境保护和社会经济效益的平衡。

3.2.2.4　岛国模式

属于岛国模式的国家不包括澳大利亚、英国、新西兰等经济发达、面积比较大的岛国，而是指那些面积比较小、人口比较少的岛国。这些岛国经济状况差异很大，但一般为中等或偏上，有的国家人均国内生产总值达4000多美元。属于岛国模式的国家和地区有斐济、塞舌尔、马耳他、巴哈马、马尔代夫、百慕大、牙买加、特里尼达、多巴哥、塞浦路斯、马达加斯加、多米尼加与海地等。该模式的主要特点有以下几个方面：一是具有发展旅游业的优越条件。岛国大多风光秀丽，气候宜人，属于比较典型的阳光、沙滩和海水型目的地。二是靠近旅游客源国或地处交通要冲，又与西方发达国家在政治、经济、文化与种族等方面存在着长期紧密的联系，有着比较充裕的客源市场。三是旅游业逐渐成为国民经济的支柱。现在旅游业在这些岛国中已经成为外汇收入的主要来源，国民经济的最重要的产业部门，旅游收入在这些岛国中，一般都占国家外汇收入20%以上，旅游业是国家经济支柱和最大的产业。四是旅游行政管理机构地位高。由于旅游业对国家经济有至关重要的作用，这些国家中的旅游行政管理机构在政府的地位一般都比较高，权限比较大，而且多由国家首脑和政府要员直接管辖。五是外国公司发挥着重要的作用。这些岛国由于地域狭小、人才缺乏，在发展旅游业时利用大批外资，引进了外国的管理，旅游业主要靠外国企业来经营和管理。

岛国由于其独特的地理位置和资源条件，发展旅游业时形成了一些特定的模式，这些模式通常具有以下特点：

（1）优越的旅游资源条件。岛国通常拥有美丽的海滩、清澈的海水、独特的岛屿景观等自然资源，这些是它们发展旅游业的先天优势。

（2）经济发展依赖于旅游业。许多岛国经济相对单一，旅游业成为其经济支柱，因此政府高度重视并推动旅游业的发展。

（3）外国公司在旅游业中扮演重要角色。由于旅游业对岛国经济的重要性，外国投资者和公司在旅游设施建设和服务提供中扮演着关键角色。

（4）注重可持续发展。岛国模式也强调可持续旅游的重要性，如通过全球可持续旅游委员会（GSTC）的认证体系来推动旅游目的地的可持续发展实践。

（5）重视社区参与和文化遗产保护。岛国旅游发展模式注重当地社区的参与和文化遗产的保护，以确保旅游业的发展能够惠及当地居民并保护其文化传统。

岛国在旅游业可持续发展方面的具体措施包括以下几个方面：

（1）可持续管理。岛国通过实施长久的战略规划，如新加坡的《2030年新加坡绿色发展蓝图》（*Singapore Green Plan* 2030），来推动公共领域、企业和个人朝着可持续发展的目标迈进。

（2）海洋空间规划。岛国通过海洋空间规划将沿海和海洋旅游以及其他部门整合到更广泛的蓝色经济方案中，确保旅游业可以在保护海洋环境的同时，为蓝色经济做出贡献。

（3）健康的生态系统。岛国的沿海和海洋旅游直接依赖于健康的生态系统，因此政府通过促进减少废物（特别是塑料）的措施，以及依靠海洋保护区，来保护这些健康的生态系统和蓝色自然资源。

（4）国际合作与认证。一些岛国通过国际合作，如与中国合作举办的"中国—太平洋岛国旅游年"，来吸引更多国际游客，实现市场的多元化发展，同时推广可持续旅游。

这些措施体现了岛国对旅游业可持续发展的重视，通过平衡经济、社会和环境的需求，推动旅游业的长期可持续发展。

3.2.3 中国旅游发展模式研究

3.2.3.1 中国旅游发展模式形成过程

一个国家旅游发展模式的选择既要考虑本国的实际情况，如旅游资源分布、国民经济发展速度和规模、所处的发展阶段等，也要参考国际上旅游发展模式的实践，综合比较分析，才能做出正确的选择。总体来说，中国旅游发展模式的选择有其独特性，既不同于美国模式的先国内后区域再国际旅游的自然递进发展模式，也不同于一些发展中国家的先发展国际旅游、后发展国内旅游的发展模式，中国旅游业的发展历经了从单一入境旅游市场到入境旅游和国内旅游两个市场，最后入境旅游、国内旅游和出境旅游三个市场并存共三个阶段（林南枝、陶汉军，2000）。

第一阶段：单一入境旅游发展时期（1978年至20世纪80年代中期）。中华人民共和国成立后，囿于当时政治形势的影响，中国的旅游事业基本处于停滞状态，这一状况一直延续到1978年党的十一届三中全会的召开，这标志着中国改革开放的开始。基于改革开放急需大量外汇资金的需要，能够提供大量外汇资金的旅游业开始发展，但是当时的中国接待的旅游者主要来自苏联和东欧等社会主义阵营的国家，旅游业作为产业的属性表现不明显。同时，当时国内经济发展和居民的收入处于较低水平，国内旅游市场发展速度滞后，在旅游发展格局中，入境旅游市场占据主导地位。

20世纪80年代，中国旅游业以入境旅游为主导，这一时期中国旅游业的快速发展主要得益于以下几个方面：

一是政策支持。1978年，中共中央批转《关于发展旅游事业的请示报告》，标志着旅游业由服务于外交的行政管理机构转变为经济管理部门。二是领导人推动。邓小平同志在 1979 年视察黄山时提出"要把旅游当作产业来办",强调了旅游业的经济功能。三是旅游规划。1979 年,国务院讨论了《关于 1980 年至 1985 年旅游事业发展规划(草案)》,这标志着中国最早的旅游业规划开始形成。四是基础设施建设。为了满足入境旅游的需求,中国在 20 世纪 80 年代大力加强旅游基础设施的建设,包括交通、住宿等,以提升接待能力。五是旅游宣传推广。中国政府通过各种渠道宣传推广中国的旅游资源,吸引更多外国游客来华旅游。六是旅游管理体制改革。1985 年,国务院批转《关于当前旅游体制改革几个问题的报告》,提出旅游体制改革的主要目标是:按照政企分开、统一领导、分级管理、分散经营、统一对外的原则建立以国营旅游企业为主导的多种经济形式、多渠道、少环节的旅游经营体制。七是旅游法规制定。1985 年,国务院发布旅游业第一部行政法规——《旅行社管理暂行条例》,为规范旅游市场提供了法律依据。八是国际交流与合作。中国在 20 世纪 80 年代开始积极参与国际旅游交流与合作,如加入世界旅游组织等,提升中国旅游业的国际地位。九是旅游人才培养。20 世纪 80 年代,中国开始注重旅游人才的培养,成立旅游高等院校和专业,为旅游业的发展提供了人才支持。

这一时期的中国旅游业以入境旅游为重点,通过政策引导、基础设施建设、市场开放等措施,实现了快速起步和发展,为后续旅游业的多元化和深度发展奠定了基础。

第二阶段:入境旅游和国内旅游并行发展时期(20 世纪 80 年代中期至 90 年代中后期)。随着改革开放的深入,人们生活水平和收入水平的提高,国内旅游市场开始快速发展,国内旅游人数迅速增加,国内旅游市场所占比重提高。从政策上分析,国家对国内旅游的政策走向了积极发展的步调,旅游作为一个产业得到了人们的认识,1991 年颁布的《中华人民共和国国民经济和社会发展十年规划和第八个五年计划纲要》把旅游列入第三产业的重点行业。与此同时,入境旅游市场进一步发展,接待的国外旅游者也逐渐扩展。这一时期的主要特征是入境旅游市场和国内旅游市场并存。

这一时期,中国旅游业的增长主要得益于以下几个方面:一是政策支持与市场开放。中国政府在 20 世纪 80 年代实施了一系列政策来推动旅游业的发展,包括开放旅游市场和吸引外国投资。二是基础设施建设。为了满足日益增长的旅游需求,中国在 20 世纪 80 年代大力加强旅游基础设施建设,如交通、住宿等。三是国内旅游的兴起。20 世纪 90 年代,随着经济的发展和人民生活水平的提高,国内旅游开始迅速增长。1999 年,节假日制度的调整和黄金周的设立进一步推动了国内旅游的快速发展。四是入境旅游的持续增长。由于发达国家对中国旅游的需求强烈，中国政府采取了一系列措施来满足这一需求，如改善旅游供给和提升服务质量。五是旅游宣传与推广。中国通过各种渠道宣传推广旅游资源，吸引了更多外国游客来华旅游，并加强了旅游目的地的海外营销工作。六是出境旅游的启动。20世纪90年代中后期，中国开始允许公民自费出国旅游，出境旅游市场逐渐兴起，开始形成入境、国内、出境三大旅游市场并行发展的格局。

这一时期的中国旅游业实现了从单一的入境旅游市场向多元化旅游市场的转变，为后续旅游业的持续发展奠定了坚实的基础。

第三阶段：入境旅游、国内旅游和出境旅游全面发展时期（20世纪90年代中后期至今）。1997年3月，经国务院批准，国家旅游局（现为文化和旅游部）和公安部联合发布了《中国公民自费出国旅游管理暂行办法》，标志着国家允许中国公民自费出国旅游，也标志着中国出境旅游市场的形成。中国的旅游市场格局开始形成入境旅游、国内旅游和出境旅游三足鼎立之势，这一趋势一直延续至今。

这一时期中国旅游业的发展得益于以下几个方面：一是政策支持与市场开放。中国政府在"十三五"期间推动了出入境旅游的健康发展，并在《"十四五"旅游业发展规划》中明确提出"出入境旅游有序推进"的目标，强调统筹国内国际两个市场，促进旅游交流合作。二是基础设施建设。中国在基础设施建设方面投入巨大，包括交通、住宿和旅游服务设施。这些基础设施的改善为旅游业的快速发展提供了坚实的基础。三是国内旅游不断发展。国内旅游市场迅速发展。黄金周制度的实施进一步推动了国内旅游的井喷式增长。国内旅游成为旅游市场的重要组成部分。四是入境旅游持续增长。中国政府通过优化国际游客接待环境、推出富有文化底蕴的旅游体验项目和活动，吸引了大量国际游客。五是出境旅游快速发展。随着国民收入的提高和对外开放政策的深化，出境旅游市场规模不断扩大，中国成为世界上最大的出境旅游客源国。六是旅游管理体制改革。中国进行旅游管理体制改革，推动旅游产业的市场化和国际化。政府逐步放宽对旅游企业的管制，促进了旅游产业的多元化和创新。七是旅游宣传与推广。中国政府和旅游企业通过各种渠道加强旅游宣传和推广，提升中国旅游的国际形象。例如，通过国际旅游展会、旅游推介会和在线营销等方式，吸引了更多国内外游客。八是旅游人才培养。为了满足旅游业的发展需求，中国进一步加强了旅游人才的培养，提高了旅游服务人员的专业水平和质量。九是旅游与社会、经济的互动。旅游业的发展不仅促进了经济增长，还带动了就业和社会福利的提高。旅游业成为国民经济的重要支柱产业，对社会发展产生了深远影响。十是旅游的可持续发展。中国在旅游业发展中注重可持续发展，推动生态旅游、文化旅游等绿色旅游模式，保护环境和文化遗产，实现旅游业的长期健康发展。

通过这些措施和政策，中国旅游业自20世纪90年代中后期至今实现了全面和协调发展，成为全球旅游市场的重要参与者。

从上述对中国旅游发展阶段的分析，结合旅游发展模式的研究可以看出，中国的旅游发展没有按照一般产业演化规律进行。按照一般产业演化规律，旅游业的发展是在工业充分发展之后，在人们收入水平和闲暇时间提高的条件下，逐渐发展并成熟起来的，首先得到发展的是国内旅游市场，其次是出境旅游和入境旅游。中国的旅游发展基本上是一种超前的发展模式，超越了国民经济的发展阶段而获得了快速的发展速度和规模的扩张，在国民经济体系中的地位日益提升。

3.2.3.2　中国旅游发展模式特点

中国旅游环境问题的表现同整体经济环境密不可分。从中国整体产业演化过程来看，中国工业化的过程与西方发达国家相比显著缩短，经过几十年的发展，中国的工业化完成了西方发达国家几百年的发展历程，一方面，迅速建立完整的工业体系，为国民经济发展和综合国力的提升奠定了良好的物质基础；另一方面，高度压缩的工业化对资源供给产生了极大的压力，造成了资源浪费、环境污染、生态破坏等问题。高度压缩工业化引发的环境问题同旅游引发的环境问题交织在一起，出现了资源供给紧张和需求膨胀的局面，呈现传统发展模式的弊端。

为了解决日益严重的环境问题，中国政府逐渐增加用于环境保护的资金投入，各期环保投入占国内生产总值的比重也逐渐提高。中国政府用于环境保护的资金投入增长迅速，但是其占同期GDP比重的增速相对较慢，反映了环境保护资金投入相对经济发展滞后的总体状况。世界银行的研究报告显示，当治污投入占GDP的1.5%~2%时才能控制污染，占GDP的2%~3%时才能改善环境质量，中国环境保护资金投入占GDP的比重低于正常标准，加之中国环境问题欠账太多，解决中国因压缩工业化而引发的环境问题任重道远。

2005年，国家旅游局与国家环保总局联合发布了《关于进一步加强旅游生态环境保护工作的通知》，提出要确立"环境兴旅"目标，并就"加强旅游生态环境保护规划工作""切实抓好旅游区生态环境保护工作""加强旅游生态环境保护法规和标准建设，积极推动生态旅游"以及"加强旅游生态环境保护的宣传教育"提出了详细的工作意见。

从中国旅游发展模式的选择来看，首先，按照旅游产业发展顺序，中国旅游发展历经了从单一入境旅游市场到入境旅游和国内旅游两个市场，再到入境旅游、国内旅游和出境旅游三个市场并存三个阶段，呈现推进型发展模式的典型特征。其次，从旅游产业同国民经济体系发展的关系出发，中国旅游发展模式属于超前发展模式①。总体来说，中国旅游产业的发展不能按照一般产业演化的规律来解释。从党的十一届三中全会开始，旅游作为一个产业部门发展，至今仅有40余年的历史，中国旅游产业获得了长足的发展，在取得辉煌成就的同时，传统旅游发展模式在极短时期内造成的环境累积影响，引发了一定的旅游环境问题，对旅游可持续发展造成了一定的影响。本章下节将从经济学角度分析旅游不可持续发展的原因，为后文研究中国旅游发展问题奠定理论基础。

中国旅游发展模式具有以下显著特点：

（1）国内国际双循环。依托中国强大的旅游市场优势，中国旅游业持续推进旅游交流合作，促进国内国际两个市场的统筹发展。

（2）旅游新业态。中国旅游市场积极发展新业态，如"旅游+"和"+旅游"，促进旅游与文化、体育、农业等多领域的深度融合。

（3）旅游基础设施和服务优化。文化和旅游部发布的《国内旅游提升计划（2023—2025年）》提出，"加快旅游基础设施建设""提升公共服务水平""优化旅游消费服务"。

（4）市场监管和法治建设。加强旅游市场监管，推动旅游法治建设，如修订完善《中华人民共和国旅游法》等相关法律法规，提高旅游市场监管信息化水平。

这些特点共同构成了中国旅游发展模式，体现了中国旅游业在促进经济社会发展、提高人民生活质量方面的重要作用。

3.3 旅游不可持续发展的现象及成因

随着改革开放后人们可支配收入水平的提高和闲暇时间的增多，旅游活动的双重约束都呈现放松的趋势，潜在的旅游需求逐渐转化为现实的旅游需求，大众化旅游活动开始兴起并在长时期内保持高速增长的态势，旅游产业发展速度超过国民经济体系中其他产业的发展速度，在国民经济体系中的地位日益重要，在一些旅游资源丰富的地区，旅游产业逐渐取代工业成为当地的支柱产业。

总体来说，中国旅游发展的模式仍然没有摆脱传统线性发展模式的制约和影响，依靠对旅游资源的高强度开发、资金高投入以及旅游资源超负荷运营等手段来换取旅游经济的数量型增长，片面追求经济效益，忽视环境保护和环境效益，

---

① 超前发展模式是指旅游产业的发展超越国民经济的总体发展阶段，通过旅游产业的发展来推动和促进国民经济相关产业的发展，这种发展模式不能按照一般的产业发展规律来解释。

在旅游业蓬勃发展的同时，旅游活动所造成环境影响的累积效应逐渐发挥作用，各种不可持续发展的负面现象开始出现，影响旅游环境的质量和旅游资源的价值，为旅游业的长期发展带来了重大的甚至是不可逆的影响。本节在对世界各国和中国旅游发展实践研究的基础上，分析中国传统线性旅游发展模式所带来的问题。

3.3.1 旅游不可持续发展的归纳性定义

按照旅游活动负面影响的领域，可以分为经济领域、环境领域和社会文化领域，其中核心影响是环境领域的影响。基本作用机理如下：旅游活动不合理的开发行为(如超负荷运营、掠夺性开发、城市化倾向等)直接对旅游资源与环境造成损害，引发各种类型的环境问题，同时一些不合理的经营行为和开发理念也会对人文旅游资源和社会文化带来负面效应，如传统文化氛围的丧失、旅游引发的不良文化影响等。旅游负面效应在环境领域和社会文化领域的结合影响到经济领域的可持续性①。由于旅游资源质量下降，旅游者对该旅游资源和产品价值赋值降低，旅游需求下降，表现为旅游需求曲线整体向左移动，影响旅游产业经济效益的长期实现。

基于上述旅游负面影响作用机理的分析，本节选择关键领域即环境领域的问题研究。按照环境领域问题对可持续性的影响程度，环境问题可以分为可逆的环境问题和不可逆的环境问题②，前者如环境污染、旅游资源浪费、景观破坏等，后者如旅游生态失衡、景观消失等。

按照上述分析内容，本书给出旅游不可持续发展的归纳性定义，尝试做一些理论上的探讨。旅游不可持续发展是由于旅游开发行为对旅游环境、社会文化的可逆与不可逆的影响，造成旅游资源的退化和质量的降低，最终影响旅游经济效益的长期实现和经济领域的可持续发展。

3.3.2 旅游活动引发的问题

3.3.2.1 环境污染

由于激励机制的缺失，旅游经营者在核算其微观经济效益时，受到传统经济发展观的影响，仅关注其投入的实际成本，并不考虑旅游经营活动对环境造成的

---

① 两者对旅游经济领域可持续性的影响程度有所差别，其中环境领域的问题对经济领域可持续性影响较大，原因是基于旅游负面影响直接作用于旅游环境，并且影响程度大。

② 由于环境问题的累积效应和长期影响，可逆与不可逆的区分在实践中的分界点未必清晰，书中做简化分析。

影响和破坏，造成旅游环境成本外部性问题出现，旅游企业个体享受旅游资源与环境的收益而没有承担其应付的外部性环境成本。从具体表现情况来看，旅游活动造成的污染分为两种情况：一是旅游开发建设过程中的污染，如大量的旅游休闲度假区的建设和大量的工程建设对环境负荷带来了严重的影响；二是旅游经营过程中所造成的污染，由于缺乏激励机制且旅游经营者重视旅游经济效益的实现，旅游经营者超负荷利用旅游环境资源，对环境保护的资金投入不足，导致旅游资源得不到足够的实物补偿和价值补偿，影响旅游资源的长期供给能力。另外，部分旅游者不良的旅游习惯（如乱丢垃圾等不文明行为）也对环境带来不利影响，景区内大量采用机动车辆、过多建设索道和缆车，这些设施日常运营行为对环境的影响也不容忽视。

　　旅游活动引发的环境污染的具体表现包括：一是自然资源的过度利用。旅游活动可能导致自然资源的过度利用，如过度采挖、乱采滥挖野生植物等行为，破坏自然景观和生物群落，伤害保护动物，危及生态平衡。二是垃圾污染。旅游活动产生的垃圾，尤其是塑料垃圾，对环境造成严重污染。海洋垃圾污染已经成为全球各地海洋的"流行病"，严重影响海洋生态系统。三是水体污染。旅游区的污水排放可能导致水体污染，影响水质和水生生物的生存环境。四是空气污染。旅游区的烟尘排放和汽车尾气排放可能导致空气质量下降，影响游客和当地居民的健康。五是生态破坏。旅游开发建设过程中，不合理的规划和施工可能导致生态破坏，如毁林毁草、开山取石、挖土采沙等行为。六是噪声污染。旅游活动产生的噪声，如交通噪声、游客活动噪声等，可能影响当地居民的生活质量和生态环境。

3.3.2.2　景观破坏

　　从旅游供给的构成来看，其内容包括旅游资源、旅游设施、旅游服务和旅游基础设施四部分。旅游供给的构成内容是旅游活动正常运行的前提条件，因此，在风景名胜区进行一定的旅游设施建设、旅游基础设施建设和对旅游资源适当改造是必须的，这必然会对环境造成一定的影响，但要注意这些设施建设不要破坏整个景区的主体形象，避免对景观的破坏性开发。但是在现实中，由于旅游规划的不合理和受传统经营模式的影响，一些景区的开发具有明显的城市化倾向，除了无形的旅游服务外，旅游供给的其他组成部分都存在着对景观的破坏。

　　具体从旅游资源的开发来看，大量人造景观的出现违反了旅游发展规律，导致局部景观同整体形象不协调，甚至改变了原有的景观风格；从旅游设施的建设来看，为了片面地满足旅游者需求，大量兴建一些高档次的酒店、宾馆、高尔夫球场等娱乐设施，建造喧宾夺主的索道和缆车等交通设施，景区道路建设也极大地破坏了整体景观，如武陵源核心景区建造的旅游服务设施共占用自然景观面积至少1平方千米以上，黄石寨修建索道毁坏了近1万平方米森林，严重影响到野生动物的生存(杨美霞，2006)；旅游基础设施对景观的破坏较小，如服务于景区内部的供水、供电、排污等系统，部分设施的供应能力来自景区外部，因此对景区内部的影响相对较小。

3.3.2.3 生态失衡

一方面，旅游风景名胜区优美的自然生态和环境是旅游发展的前提条件，旅游活动的开展必将对旅游生态环境造成一定的影响，这是必然的规律。但问题的关键不在于旅游活动对生态环境造成影响，而在于旅游活动对环境影响的强度和广度。旅游活动所伴生的噪声、废气等污染都会对野生动物的活动产生限制，随着旅游活动范围的扩大，野生物种的生存空间缩小，种群进化受到影响，甚至危及某些珍稀物种的生存。同时，一些旅游生态系统相对比较脆弱，一旦旅游活动导致其偏离稳定均衡状态，就会引发旅游生态系统崩溃的后果。因此，旅游活动开发所增加的环境负荷应控制在旅游环境阈值的界限内，唯有如此，旅游活动的环境影响才能保持在环境自净能力的范围内而得到净化，不会危及旅游环境系统的动态平衡。

另一方面，从旅游活动的外部性影响[①]来看，旅游外部性影响的主要原因在于旅游经营者没有承担起应付成本，旅游活动的环境成本由社会和其他个体承担。从外部性表现来看，可以从空间维度和时间维度上分析其外部性影响。空间维度的外部性主要是对同代人的影响，旅游活动的负面效应由同时代的社会和个体承担。时间维度的外部性主要是旅游活动对环境影响的累积效应，从短期看当代人旅游活动对生态环境的影响可能不大，但日积月累的长期影响会对生态系统造成不可逆的干扰，如果不加以重视，必将造成旅游生态系统恶化甚至崩溃的结果，从而影响旅游经济的可持续发展。

3.3.2.4 资源浪费

从理论上分析，由于旅游资源市场尚不完善和旅游资源估价困难等原因，人们对旅游资源缺乏科学合理的价值评估，加之现实中一些旅游经营者获取旅游资源过程中的寻租行为，旅游资源无价或者低价的局面普遍存在，导致旅游经营者忽视旅游资源价值和旅游环境成本，旅游资源不计成本，造成对旅游资源的浪费性利用，出现资源浪费的局面。

---

① 这里仅分析旅游活动所产生的负外部性，并不否认旅游正外部性的存在。

旅游活动造成的资源浪费主要有三个方面的表现：其一，由于旅游目的地大多处于比较偏远的地区，其资源供给能力不充足，大量旅游活动的涌入极大地增加了旅游目的地的资源需求，造成旅游目的地资源供应紧张的局面。其二，旅游目的地的资源供应紧张加上一些不合理的开发行为（如选址不当、体量过大等），导致人工设施破坏了整体景观，加剧旅游目的地水土流失，地貌和植被遭到破坏，旅游功能严重退化。其三，旅游活动的大量介入可能会改变原来的资源利用结构，如将一些水利资源用于旅游服务设施，挤占了农业基本用水的用量，同时大量的生活用水和生活污水排放引发了水质下降、水体恶化等问题。

3.3.2.5 社会文化问题

旅游活动一方面引发环境污染、景观破坏、生态失衡和资源浪费等旅游环境问题，进而影响到旅游经济发展的可持续性。另一方面旅游活动也对社会文化领域产生深远的影响。

具体来看，旅游活动目的地对旅游者来说呈现异质文化的基本特征，旅游者的大量涌入，除了带来可观的经济效益外，也带来了一些消极的文化氛围，引发了两种文化的激烈冲突，改变了旅游目的地原汁原味的文化特征，导致人文旅游资源质量下降。更有甚者，一些旅游开发商和经营者出于经济利益的考虑，片面地把旅游目的地原居民排除在利益分配格局之外，目的地原居民外迁，彻底改变了人文旅游资源的基本特质。例如，以古镇旅游闻名的周庄曾经有段时期，近半数原居民外迁，一些外来的经商人员取而代之，严重影响到原居民对旅游的支持度和参与热情（朱松节、刘龙娣，2011）。原居民的流失长期日积月累的结果会侵蚀到旅游文化资源的根基。从理论分析来看，旅游目的地原居民是人文旅游资源的载体和基本构成，居民外迁必然导致旅游资源文化底蕴的丧失。片面追求经济效益，忽视旅游目的地原居民的参与必然导致旅游活动不可持续发展。

综上所述，传统旅游发展模式在引发严重环境问题的同时，也降低了文化旅游资源的品位和特质，总体上降低了旅游资源的景观质量，影响到旅游资源的长期供给能力，甚至导致旅游资源的丧失，危及旅游可持续发展。究其原因主要源于在传统发展观指导下的旅游活动使人们对以外部性为基本特征的旅游环境成本忽视，对旅游资源无价或者低价的局面没有改观。因此，本书尝试从旅游环境成本角度分析旅游可持续发展问题，弥补旅游环境成本研究相对匮乏的局面，以期对中国旅游长期、持续、健康发展提供理论上的支持。

3.3.3 旅游不可持续发展的根本原因及分析

从上节对旅游活动所造成的环境和社会影响的分析来看，这些旅游活动引发的负面影响对旅游可持续发展造成了严重的损害。要从实践上改善这种不利状态进一步恶化的局面，进行发展模式的变革，摒弃传统线性旅游发展模式，从经济理论上要提供支持，因此本书分析旅游环境成本与旅游可持续发展的关系，研究旅游环境成本的作用机理有一定的理论意义，本书以下部分建立涵盖外部性旅游环境成本在内的旅游市场均衡模型。

3.3.3.1 旅游不可持续发展的根本原因

中国目前的旅游发展模式仍然没有完全摆脱传统发展模式的束缚，一般旅游企业的发展主要依靠资源的高强度利用、资金的高投入、超负荷运营来实现旅游经济效益。这种模式产生了日益严重的环境问题，促使旅游相关主体反思传统模式的弊端，引发了旅游发展模式的变革，旅游可持续发展模式成为未来旅游产业的必然选择。本节以经济学的外部性理论为基础，基于旅游环境成本视角分析旅游不可持续发展问题。

首先，简要分析旅游活动的正外部性。旅游产业的发展对一个地区的正面效应是显而易见的。从经济角度来看，旅游经济的发展具有很强的拉动效应，一般公认的估计是旅游拉动效应在1∶5左右，对地方经济的发展、基础设施建设、提供就业岗位、提供税收收入等方面起到了积极的促进作用。从社会文化角度来看，通过旅游产业发展伴生的示范效应，可以引导一个地区文化发展的方向，对该地区社会文化的建设起到引导和促进作用。从环境效益角度来看，旅游产业如果遵循可持续发展的模式，通过对旅游资源的合理利用，可以为旅游环境保护和环境治理提供资金支持，为人类提供长期保有良好状态的自然环境生态系统。

其次，在旅游活动产生正外部性的同时，也带来了大量的负面效应。如前文分析的环境污染、景观破坏、生态恶化、资源浪费和社会文化等问题，这些负面效应的影响及其原因分析是本节的重点。回顾中国旅游发展的历程可以得出一个基本结论：中国旅游的发展一直遵循传统线性发展模式。由于旅游活动是高度依靠资源禀赋的活动，旅游发展的格局受制于旅游资源的地区分布格局，这一结论决定了旅游发展的区域一般是经济落后的偏远地区①。偏远地区对旅游开发缺乏科学的认识，诸如一些"旅游是无烟产业""投资少、见效快"等一些被旅游实践证实是错误的观点曾经是其旅游发展的主线，这种思想如今在一些地区和旅游活动中仍有一定的市场。偏远地区受制于资金短缺和发展经济的双重矛盾约束，往

---

① 这里主要分析依靠自然旅游资源的旅游开发活动，这样类型的旅游活动也是目前旅游环境问题的主要原因。从人文旅游资源的分布来看，也有部分资源分布在偏远地区。

往依靠对旅游资源的掠夺性开发换取数量型的旅游增长和经济效益，旅游环境保护资金投入不足，加之人们对旅游的需求持续增长，不计代价地发展旅游经济。长期传统旅游发展模式的累积效果引发了环境问题，导致旅游不可持续发展。

从旅游经济学的角度分析，造成上述问题的根本原因在于对旅游资源价值和环境成本的忽视。作为旅游经济的供给主体，旅游经营者首先考虑的是经济指标的实现，如果没有激励机制的约束和激励引导作用，一般不会主动考虑对旅游环境进行保护。一方面，中国目前没有建立完善的旅游资源市场交易体系，大多旅游资源无价或者低价转让给旅游经营者，缺乏科学合理的旅游资源评价方法，有关旅游环境资源的法律法规体系不完善，这一切都促使旅游资源出现无价或者低价局面。另一方面，旅游经营活动的外部影响没有实现内生化，旅游所引发的环境影响由社会和其他个体承担，旅游经营者仅承担其实际支付的成本。由于以上两方面原因，旅游活动的外部环境成本没有得到补偿，以此为基础核算的旅游经济效益不能反映实际状况。改变这种状况需要理论上的变革和实践的探索。本节建立涵盖旅游环境成本在内的旅游市场均衡模型来分析外部性造成的福利损失、旅游环境成本和可持续发展的关系。

3.3.3.2 引入旅游环境成本变量的旅游市场均衡模型

为了清晰地分析旅游环境成本对旅游可持续发展的影响及两者的关系，本书建立引入环境成本变量的旅游市场均衡模型，通过对该模型的分析，可以看出旅游环境成本在各个阶段的表现特征、环境影响大小、旅游可持续发展状态。

图 3-1 中，纵轴表示旅游市场价格、私人边际成本、旅游环境成本；横轴表示旅游市场的数量；D 代表旅游需求曲线；MPC 代表旅游经营者的私人边际成本，也就是实际支付的成本范畴，即旅游经营者的供给曲线；MC 代表包含旅游环境成本的实际成本范畴，不仅包含旅游经营者实际支付的成本，也包含体现外部性特征的旅游环境成本。MC 曲线和 MPC 曲线之间的差值代表旅游环境成本的大小，其差值在不同阶段有不同的表征。以 Q^L 为代表的垂直线表示环境容量的极限，也就是旅游环境的临界点，当旅游市场均衡数量达到这一点，旅游发展就进入不可持续发展状态①。

---

① 出于突出重点和分析旅游环境成本与可持续发展关系的目的，图 3-1 中显示的简化理论分析并不影响研究结论。实践中的旅游环境极限容量是一个区间范围，体现出一种渐变过程和累积效应的影响，旅游市场均衡数量一旦进入该区域，旅游环境影响和旅游环境成本的变化非常显著，旅游发展状态逐渐进入到不可持续发展状态，这一区域如果对环境进行修复，其成本非常大。因此，其政策含义可以理解为旅游市场容量控制应该在这一区域之前，而不是当旅游环境已经破坏到一定程度再进行亡羊补牢式的补救。

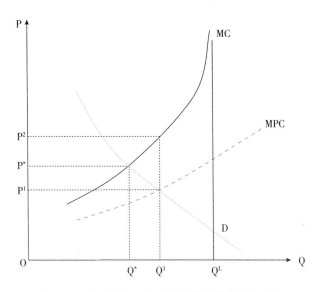

图 3-1 引入旅游环境成本的旅游供求均衡分析

3.3.3.3 模型分析与旅游环境成本曲线特征分析

对该模型的具体分析过程如下。当旅游经营者在考虑市场决策时，遵循传统经济学的决策规则，按照私人边际成本等于私人边际收益的原则①，选择私人边际成本曲线 MPC 与需求曲线 D 的交点为旅游均衡数量，即图 3-1 中（P^1，Q^1）的位置，而基于社会最优的选择，应该按照社会边际成本等于社会边际收益的原则，选择包含旅游环境成本在内的成本曲线 MC 和需求曲线 D 的交点位置为社会最优选择，即图 3-1 中（P^*，Q^*）的位置。比较这两个均衡状态，旅游经营者选择的均衡 Q^1 要大于社会最优的均衡 Q^*，其差值等于 Q^1-Q^*，负担的私人边际成本以 P^1 代表，在此均衡点，实际包含旅游环境成本的社会边际成本 P^2 大于私人边际成本 P^1，差值 P^2-P^1 代表在这一均衡状态下社会负担的旅游环境成本，由此导致社会福利损失，如图 3-1 中三角形所示的区域。随着实际均衡数量偏离社会最优均衡（P^*，Q^*）越远，其福利三角形损失越大，当实际均衡数量达到环境容量极限 Q^L 的时候，旅游环境成本和由此导致的福利损失都趋向于无穷大，导致

---

① 主要分析旅游环境成本的负外部性影响，忽略旅游活动产生的正外部性影响并不影响研究的结论，在这一前提下，可以认为旅游经营者的私人边际收益等于社会边际收益。

旅游发展的不可持续性①。

根据旅游产品数量的不同，MC 曲线呈现出以下几个阶段特征：①在旅游市场均衡数量较小的阶段，如图 3-1 中 Q^* 左边的区域，旅游环境成本较小，并且旅游环境成本曲线的斜率相对不大，表示旅游环境成本变化不太显著，MPC 与 MC 差距不大，这一阶段的环境影响不大，旅游活动的负面效应不显著，处于可持续发展状态，在这一阶段的政策含义是支持旅游经济的发展。②在旅游市场均衡数量较大并且没有超过环境最大容量的情况下，如图 3-1 中 Q^* 和 Q^L 之间的区域，由于旅游均衡数量增加，旅游活动的累积效应开始显现，各种负面现象开始出现，外部旅游环境成本较大，MPC 与 MC 差距增大，并且旅游环境成本曲线的斜率逐渐增大，表示旅游活动的负面影响呈现加速度的发展态势，但这一时期的旅游经济总量没有突破环境容量的极限，旅游活动仍处于可持续发展状态，但也要注意旅游负面效应的影响，政策含义是对旅游市场进行有效的控制，对有关环境影响和环境成本进行监控。③当旅游市场达到旅游环境容量的最大极限 Q^L 时，如图 3-1 中 Q^L 右边的区域，旅游活动及其累积效应已经突破旅游环境容量的极限，旅游环境成本曲线的斜率迅速增大，直至达到无穷，MPC 与 MC 差距极度扩张，旅游环境成本急剧增加，对环境的动态均衡产生了不可逆的负面影响，旅游生态系统恶化，导致旅游不可持续发展，如果在这一时期才考虑对环境进行保护必须付出非常大的代价，政策含义是限制旅游市场的发展。

3.3.3.4 旅游环境成本分析小结

通过本节的分析可以得出基本结论：①旅游环境成本呈现出外部性的基本特征，没有进入旅游经营者的决策框架，应该实现旅游环境成本内生化；②旅游环境成本在不同阶段呈现不同特征，在旅游环境容量的临界区域，其变化非常激烈，因此对旅游环境容量控制应该在其临界区域之前早作筹谋；③旅游发展受到传统经济价值观、伦理观的制约，遵循传统线性发展模式；④旅游资源产权不清晰且缺乏有效的旅游资源市场，旅游经营者受利润最大化动机的驱使，旅游资源无价值或低价值的局面影响着中国旅游的可持续发展。总之，各种现实因素、传统发展理念、错误思想观念的综合作用造成忽视资源价值和环境成本的局面。

---

① 文中假设旅游需求不变，若考虑旅游需求的改变将深化研究结论。如果旅游市场均衡处于旅游环境极限容量区域内，由于旅游环境恶化影响到景观质量和旅游者的体验，旅游者对该旅游产品的价值赋值降低，导致旅游需求曲线向左移动，由此导致的结果是扩大了福利损失三角形的面积。

3.4 本章小结

本章通过对可持续发展和旅游可持续发展的演化、原则、概念的分析，结合国内外旅游发展实践和发展模式的研究，分析旅游引发的环境问题和社会文化问题，阐述了中国旅游环境问题的特殊表现；通过建立涵盖旅游环境成本在内的旅游市场均衡模型，对旅游环境成本与可持续发展的关系进行了经济学分析，引出本书主要的研究内容和研究对象，即基于环境成本视角的旅游可持续发展研究。

4 旅游资源的价值与环境成本研究

本章在旅游发展实践研究的基础上，主要从理论上研究旅游资源价值和旅游环境成本及两者的关系。从旅游发展实践的研究成果来看，传统线性旅游发展模式引发了日益严重的环境问题，甚至造成不可逆的影响如生态失衡，严重影响旅游的可持续发展，其中问题的关键之一是大量外部性旅游环境成本出现，没有纳入旅游决策框架，由社会和其他个体承担旅游活动的外部成本；关键之二是旅游资源长期无价或低价局面存在，没有建立完善的旅游资源市场体系和评估体系。由于这两个关键问题存在一个基本的共同点，即都会导致旅游活动发生的实际成本远大于旅游核算成本，结果是实际旅游市场的均衡数量远大于社会最优的均衡数量，造成了极大的社会福利损失，导致旅游不可持续发展。因此，本章从旅游资源价值和旅游环境成本结合的角度分析解决该问题的关键，尝试提出具体的结论和应对措施。

本章主要研究内容包括人们对资源价值认识的阶段性发展、相关理论对自然资源价值的认识、基于相关理论的旅游资源价值的一般属性和特殊属性研究、旅游环境成本的属性分析、纳入环境成本的旅游可持续发展研究。

4.1　人们对资源价值认识的阶段性发展

人类对自然资源价值的认识是随着生产力发展实践的变化而变化，在人类历史发展的不同时期，人类生产力水平逐渐提高，对自然资源利用开发的强度和范围随之增强和扩大，人类对自然资源价值的认识也发生阶段性变化。实践的变化也引致了理论的变革，从经济学发展历史来看，人们对自然资源价值的认识也历经了从忽视自然资源价值到尊重自然资源价值的过程。总体来说，人们对自然资源价值的认识可以分为三个阶段：无价值表现阶段、模糊价值表现阶段、有价值表现阶段①。

---

① 高辉清．效率与代际公平：循环经济的经济学分析与政策选择［M］．杭州：浙江大学出版社，2008．

本节以经济总量、产业规模同环境容量和环境承载力相结合的视角来分析。在不同的历史时期，经济总量同环境容量和环境承载力的关系也发生了阶段性变化，导致人类对自然资源价值的认识和经济理论也发生了改变。

4.1.1 第一阶段：自然资源的无价值表现阶段

在人类对自然资源的认识和利用过程中，存在一个阶段，即自然资源被视为"无价值"或未被充分认识其价值。主要是产业革命完成以前的历史时期，这一时期的主要特征是人类的生产方式主要以手工业为主，自然资源的供给能力相对于当时人们的生产和生活需求而言是充足的，因此人们认为自然资源是丰富的，无须投入劳动，因此也就没有价值。虽然随着生产力的发展和技术的进步，人类的经济总量日益增大，但是始终没有突破环境容量的阈值，仍在环境承载力可容许范围之内，对自然生态系统平衡的干扰和破坏不大。

这个阶段主要表现为以下几个方面：①未被认识。在早期，许多自然资源由于受科学技术水平的限制，未被人类认识或理解其价值。例如，某些稀有矿产或生物资源在早期可能未被发现或未被认识到其潜在用途。②未被利用。即使某些资源被认识，也可能由于缺乏相应的技术或知识，未能被有效利用。例如，早期人类可能不知道如何利用石油或天然气。③未被重视。在某些文化或社会中，自然资源可能未被赋予经济价值或文化价值。例如，某些地区的森林或水域可能被视为"荒地"，未被当作有价值的资源。④过度开发。在某些情况下，由于缺乏长远的规划和可持续利用的观念，自然资源被过度开发，致使资源枯竭或环境破坏，从而在短期内看似"无价值"。⑤环境破坏。在开发利用自然资源的过程中，可能会对环境造成破坏，如森林砍伐、湿地填埋等，这些行为在短期内可能未被认识到其对生态系统的长期影响。⑥市场失灵。在市场经济中，某些自然资源可能由于市场机制不完善或信息不对称，未能反映其真实价值。例如，某些环境服务如清洁空气和水可能在市场上未被定价。⑦政策缺失。缺乏有效的政策和法规来保护和合理利用自然资源，导致资源被忽视或滥用。例如，缺乏对某些生态系统保护的法律法规，使这些生态系统的价值未被充分认识和保护。⑧社会认知不足。社会大众对自然资源的价值认识不足，未能形成保护和可持续利用的共识。例如，公众可能未能充分认识到生物多样性的重要性。⑨经济利益驱动。在某些情况下，经济利益的短期驱动可能导致对自然资源的过度开发和利用，忽视了其长期价值和生态服务功能。通过提高公众对自然资源价值的认识，加强科学研究，完善法律法规，制定合理的政策和规划，可以有效推动自然资源的可持续利用和保护。

4.1.2 第二阶段：自然资源的模糊价值表现阶段

自然资源的模糊价值表现阶段是指在人类社会经济发展过程中，对自然资源价值的认识和评估存在不确定性、不完整性或不精确性的时期。这一阶段包括产业革命完成到第二次世界大战的结束。从技术发展的层面分析，产业革命的完成导致人类生产方式发生了根本变革，以手工业为主体的生产方式逐渐被机器大工业所取代，生产力得到了极大发展，对自然资源的需求日益增多，人们加大自然资源的开发力度，但是自然资源无价值这一认识决定了人类对自然资源的开发是一种掠夺性、无限索取、挥霍浪费的行为，自然资源长期无价或低价地被人类使用。从人类经济活动总量与环境承载力的关系来看，这一时期经济发展因技术的进步而加速增长，人类对自然资源的需求逐渐达到环境供给能力的极限，自然生态系统稳定的平衡状态被打破，各种生态破坏和环境污染问题出现，促使人类反思自己的行为对环境的影响，并逐渐认识到自然资源是有限的、有价值的。

这个阶段主要表现为以下几个方面：①认识不足。社会和经济体对某些自然资源的真正价值缺乏足够的了解，未能充分认识到它们对于生态系统服务和人类福祉的重要性。②评估困难。自然资源的价值难以量化，特别是那些提供生态服务的资源，如清洁空气、水源和生物多样性，它们的价值往往难以用传统经济指标衡量。③市场失灵。市场机制可能无法准确反映自然资源的长期价值，导致资源的短期过度开发和长期价值被低估。④政策和法规不完善。缺乏有效的政策和法规来指导和规范自然资源的合理利用，使资源的潜在价值没有得到充分保护和利用。⑤经济与环境的冲突。在经济发展与环境保护之间存在冲突，导致自然资源的价值评估和利用决策往往偏向于短期经济利益。⑥技术限制。技术手段的局限性可能导致对自然资源的评估不准确，无法全面了解资源的潜在用途和长期影响。⑦文化和价值观差异。不同的文化和社会可能对自然资源的价值有不同的理解和评价，这种差异可能导致资源价值的模糊性。⑧信息不对称。资源所有者、使用者和管理者之间可能存在信息不对称，使资源的真实价值难以被所有利益相关者所认识和接受。⑨外部性问题。自然资源的开发和利用可能产生正面或负面的外部效应，这些外部效应在没有适当的政策干预下，往往不会被市场机制所考虑。⑩可持续发展观念的缺乏。在某些情况下，社会和经济体可能还未充分接受可持续发展的观念，导致对自然资源长期价值的认识不足。

为了解决自然资源价值的模糊性问题，需要加强科学研究，提高公众意识，完善政策和法规，建立合理的资源价值评估体系，并通过教育和宣传来促进社会对自然资源价值的全面认识和合理利用。

4.1.3　第三阶段：自然资源的有价值表现阶段

自然资源的有价值表现阶段是指人类社会开始认识到自然资源的价值，并在经济、社会、文化等方面体现出来的过程。这一时期是从第二次世界大战结束至今。随着以计算机为代表的新技术革命促进了经济加速发展，加之 20 世纪 50 年代开始的世界人口爆炸性增长①，人类对自然资源的依赖达到了前所未有的高度，导致了对自然资源的掠夺性开发。人类的经济活动持续突破环境阈值的极限，经济发展总量超过环境承载力的限制，对自然生态系统的平衡状态造成了不可逆的影响，各种环境公害事件相继出现。人们开始反思人类同自然环境的关系，逐渐认识到人类经济系统是自然生态系统的有机组成部分而不是游离于自然之外，人类同自然理应是和谐统一的关系，自然资源具有价值这一观念逐渐得到人们的共识并在实践中加大对自然资源的保护力度，由自发的、盲目的状态到自觉的、理性的状态，实现环境系统、经济系统、社会系统的和谐统一。

这个阶段主要表现为以下几个方面：①经济价值认识。自然资源被明确地认为是有价值的经济资产，如矿产、森林、水资源等，它们的开发和利用可以带来直接的经济收益。②市场定价。自然资源开始在市场中交易，其价值通过市场价格体现出来，如石油、天然气、金属等资源的市场价格。③法律法规保护。政府通过立法手段保护自然资源，确保其合理开发和利用，如制定矿产法、森林法、水法等。④产权明确。自然资源的产权关系得到明确，包括所有权、使用权、收益权等，为资源的合理分配和利用提供了基础。⑤环境服务价值。人们开始认识到自然资源提供的生态服务具有价值，如净化空气、调节气候、保护生物多样性等。⑥可持续发展理念。自然资源的可持续利用成为社会共识，人们追求在满足当前需求的同时，不损害后代满足需求的能力。⑦环境与经济的平衡。在经济发展中考虑环境因素，寻求经济增长与环境保护的平衡，如推行清洁能源、循环经济等。⑧公众意识提升。公众对自然资源价值的认识提高，开始关注资源的合理利用和保护，参与环保活动和可持续发展实践。⑨生态补偿机制。为保护自然资源，实施生态补偿机制，对因保护资源而受到影响的个人或地区给予经济补偿。⑩国际合作。在国际层面上，各国开始就自然资源的保护和合理利用进行合作，如签订国际环保协议、参与全球气候变化谈判等。⑪技术创新应用。采用新技术

---

①　联合国人口基金会1999年初公布的统计数字显示：1804年世界人口只有10亿，1927年增长到20亿，1960年达到30亿，1975年达到40亿，1987年上升到50亿，1999年10月12日，世界人口达到60亿，2005年6月，世界人口已达64.77亿。截止到2023年9月，世界人口已达81.16亿。

提高资源利用效率，减少浪费，如采用节能技术、循环利用资源等。⑫教育与培训。通过教育和培训提高人们对自然资源价值的认识，培养资源管理和环境保护的专业人才。在自然资源的有价值表现阶段，社会各层面开始采取行动，以确保资源的长期可持续利用，并为后代留下宝贵的自然资源遗产。

从上述资源价值认识的阶段性表现来看，随着人们经济活动影响的范围、广度、深度的扩展，对资源环境的影响也日益加剧，对自然资源价值的认识也发生了改变，从理论上人们已经认识到自然资源与环境的价值属性和对可持续发展的重要性，但从实践上来看，由于理论研究的滞后和传统观念的束缚，仍然存在不少对资源破坏性开发行为，环境成本外生化和自然资源无价或低价的局面没有根本改观，一直制约着经济的可持续发展。因此，必须从理论上研究资源价值和环境成本，以期寻找理论支撑和实践指导，从实践上改变落后的开发行为，实现经济、社会、环境三者的可持续发展。

4.2　相关理论对自然资源价值的认识

各种不同的经济理论对于自然资源价值有不同的认识，其根源在于各种经济理论的价值观不同。不同的价值观同各自时代的生产技术、生产方式、消费方式密切相关并受其影响。随着生产力的发展和技术的进步，人类的实践活动同环境的关系也在发生变化，经济活动总量逐渐增加，对环境的影响也越来越大，人类的自然资源价值观念也发生变化。本节主要从不同的学科领域研究自然资源的价值属性和基本内涵。

4.2.1　效用价值理论对自然资源价值的认识

按照效用价值理论的观点，效用是物品满足人欲望的能力，价值是人对物品满足自己欲望能力的一种主观评价。效用价值理论与稀缺性这一概念有着密切的联系，只有与人类欲望需求相比相对稀缺的物品才有资源配置的必要，才会产生价值。因此，效用价值理论的核心观点是效用是价值的源泉，稀缺性是价值的前提，边际效用递减规律是其基本规律。

基于效用价值理论对价值的解释，人们很容易得出自然资源具有价值属性这一结论。从满足人欲望的能力来说，自然资源显然具有满足人欲望的能力，可以满足人类日益增加的多重需求，也是生产函数的一种基本要素。从稀缺性来讲，自然资源的稀缺性在不同历史时期有不同的表现形式。自然资源的稀缺性同人类经济活动的总量有着密切的关系，衡量这一关系的平衡性指标就是环境容量。在工业革命以前的历史时期，由于生产方式尚以手工业为主体，人类经济活动同自然资源环境的关系处于原始的天人合一状态，经济活动总量没有突破环境容量的限制，自然资源的稀缺性尚不显著，随着技术的进步和社会分工的深化，经济活动总量逐渐接近进而突破环境容量的限制，稀缺性日益显著，自然资源的价值属性逐渐得到人们的承认，实践上的变化引发了相应经济理论的变革。

效用价值理论在对自然资源价值的认识上，主要强调了商品或资源的边际效用，即每增加一单位商品或资源所带来的额外满足程度或效用。以下是效用价值理论在自然资源价值认识方面的几个关键点：①自然资源的效用价值。自然资源的价值取决于其对人类需求的满足程度，即其有用性。自然资源作为人类生存和发展的重要物质基础，具有明显的效用价值。②边际效用递减。随着消费量的增加，每单位自然资源带来的边际效用逐渐减小，这影响了自然资源的市场价格和价值评估。③价值与稀缺性。自然资源的价值不仅取决于其效用，还与其稀缺性有关。当自然资源稀缺时，其价值随之上升。④市场价格形成。效用价值理论认为，物品的市场价格是供求双方对物品主观评价达到均衡的结果，体现了人们对自然资源价值的主观感受和评价。⑤劳动价值与效用价值的结合。在自然资源价值评估中，劳动价值理论和效用价值理论可以相结合。劳动价值体现在对自然资源进行开发、加工等过程中所付出的劳动，而效用价值体现在自然资源对人类需求的满足程度。⑥生态产品价值实现。生态产品作为自然资源的一部分，其价值实现是资源经济研究中的一个基础性问题。生态产品价值的实现涉及如何结合效用价值理论和劳动价值理论来开展研究，对解决自然资源资产的"生产要素"和"生态要素"关系协调、资源性资产计价以及健全自然资源资产管理体制等问题具有很强的指导意义。⑦自然资源价值评估方法。自然资源价值的评估方法多种多样，包括但不限于影子价格模型、边际机会成本模型、条件价值法等，这些方法各有优缺点，应根据具体情况选择使用。效用价值理论为人们提供了一个理解和评估自然资源价值的框架，强调了自然资源的效用性、边际效用递减原则以及价值与稀缺性的关系，并指出了市场价格形成的过程。同时，它也指导人们如何结合劳动价值和效用价值来评估和实现生态产品的价值。

从旅游环境资源分析也会得出同样的结论。除了个别资源类型如天象与气候景观之外，其他大部分旅游资源具有多种功能，总体上可以分为两大功能：一是提供货物的功能，如森林景观可以提供林木；二是提供服务的功能，诸如各种旅游资源给旅游者带来的旅游经历、精神享受等功能。随着产业革命的完成，大众化旅游逐渐兴起，旅游活动总量逐渐接近进而突破环境容量的限制，旅游资源的稀缺性逐渐显现。因此，旅游环境资源具有价值的属性，被纳入旅游企业的生产函数及国民经济核算体系，实现了旅游环境成本内生化，在宏观、微观两个层次上得到价值和实物的双重补偿，实现了旅游业可持续发展的目标。但是效用价值理论在解释旅游资源和自然资源价值方面都存在一个局限，效用强调人的主观感受，是人对物品满足自己需求能力的一种主观评价，这使效用的度量和价值的评估都存在困难。

4.2.2　劳动价值理论对自然资源价值的认识

劳动价值理论的核心观点认为人的抽象劳动是价值的唯一源泉，这就决定了其在解释自然资源价值方面存在一定的局限性。如果仅从理论上分析，自然资源是大自然的产物，没有凝结人类的抽象劳动，不属于劳动的产物，因此也就没有价值。劳动价值理论反映的是人与人之间交换劳动的过程，体现的是人与人之间的经济关系，而自然资源价值主要体现在人类与自然的关系，因此劳动价值理论在解释自然资源价值方面有着局限性。

但是我们不能得出自然资源没有价值的结论，原因有以下两点：其一，劳动价值理论承认使用价值的存在，也就是物品只要对人有用就具有使用价值，这一论断类似于效用价值理论的效用概念，因此那些未经人类劳动改造加工的自然资源必然具有使用价值，而且人类在利用自然资源的过程中也必然要付出有效劳动，人类劳动在自然资源上的凝结就决定了自然资源也成为价值和使用价值的统一体。其二，人类的生产和生活对自然资源的依赖逐渐深化，可再生资源的恢复速度和寻找替代资源的努力满足不了经济发展对自然资源的需求，加之人类活动对自然资源的破坏日益加剧等，导致出现资源危机。从理论意义上来看，与世隔绝的自然资源已经很少存在，因此自然资源打上了人类劳动的烙印。为了满足经济发展对自然资源日益增长的需求，人们开始加大对自然资源的开发力度，投入更多的劳动，因此自然资源必然具有价值。

下面以旅游资源为例来进行分析。国家标准《旅游资源分类、调查与评价》（GB/T 18972—2017）将旅游资源分为：A 地文景观、B 水域景观、C 生物景观、D 天象与气候景观、E 建筑与设施、F 历史遗迹、G 旅游购品、H 人文活动八大主类，还细分为 23 个亚类，110 个基本类型①。如果按照劳动价值理论划分，也即是否具有人类劳动属性划分，上述八大主类基本上可以归为两类：A、B、C、D 大类主要是大自然的产物，人类劳动属性无表现或者表现不明显；E、F、G、

---

① 大写字母为旅游资源分类编码。

H 大类是古代和现代人类劳动的产物。结合旅游实践活动的发展规律来看，人类劳动的足迹已经延伸到很多领域，许多旅游资源都被旅游开发企业加以改造，甚至 D 类型的天象与气候景观也或多或少地受到人类活动的影响，如空气污染导致气候景观质量下降，因此旅游资源都有程度不一的人类劳动属性，依据劳动价值理论得出旅游资源有价值的结论也就顺理成章，不过劳动价值理论在解释旅游资源价值数量方面仍有局限，因为劳动价值理论只能解释具有劳动属性的部分，旅游资源的自然属性无法得到解释和衡量。

4.2.3 生态经济理论框架下对自然资源价值的认识

在生态经济理论框架下，人们对自然资源价值的认识是多维度和系统化的，不仅包括了自然资源的经济价值，还包括了生态价值和社会价值，强调了自然资源的内在价值和外部成本。以下是对自然资源价值认识的几个关键点：①自然资源价值的多维性。自然资源价值包括经济价值、生态价值和社会价值。经济价值通过市场机制体现，生态价值体现在维持生态平衡和提供生态服务上，社会价值与区域的社会经济条件密切相关。②内在价值与外部成本。自然资源的内在价值可以进一步分为劳动价值和效用价值。劳动价值体现在对自然资源的开采、加工过程中所付出的人类劳动；效用价值取决于自然资源的有用性。同时，自然资源的开发可能带来正负外部性，导致外部成本的产生。③生态服务价值。自然资源提供的生态服务，如气候调节、水源涵养、生物多样性保护等，具有重要的生态价值。这些服务往往是公共产品，具有外部性，需要通过适当的机制来实现其价值。④价值实现路径。自然资源价值的实现可以通过多种途径，包括生态补偿、生态产品市场化、生态资本运营等。例如，通过建立生态补偿制度，对保护自然资源的主体提供补偿，增加供给量和提高质量。⑤价值评估方法。对自然资源价值的评估可以采用不同的方法，如市场法、收益法和成本法等。这些方法考虑了自然资源的多重价值，并试图通过货币化的方式来评估和实现这些价值。⑥生态经济理论的应用。生态经济理论框架下，自然资源的价值实现与生态文明建设紧密相关。通过探索生态产品价值实现机制，可以促进生态资源资产与经济社会的协同增长。⑦面临的挑战。在实现自然资源价值的过程中，存在一些困境，如产权界定、价值核算和定价、市场认可度、资金来源和技术问题等。需要通过创新的政策、技术和市场机制来解决这些问题。⑧政策与制度建设。为了实现自然资源的生态价值，需要建立健全的生态资源产权制度、生态效益补偿制度、生态价值评估核算体系等，以确保价值实现的稳定性和可持续性。

综上所述，生态经济理论框架下对自然资源价值的认识是全面和深入的，它要求人们在保护和合理利用自然资源的同时，探索和实现其多元价值，促进经济社会和自然环境的和谐发展。

4.2.4 环境经济理论框架下对自然资源价值的认识

在环境经济学领域，人们对于自然资源价值的认识有比较成熟的成果。按照不同的分类标准，可以把自然资源价值划分为不同的类别。本节主要分析按照经济路径的分类方法，即根据自然资源和环境所提供的服务能否通过市场交易划分。一部分服务可以通过市场交易，也就是有明确的市场价格，可以通过市场机制进行自然资源的配置；另一部分无法通过市场交易进行交换，只能采用非市场手段进行自然资源的分配，包括自然资源提供的环境舒适性和娱乐机会等。

从这个角度出发，自然资源的价值包括三个部分：现实使用价值、存在价值和选择价值。其中前两个部分是同当代人相关的价值，而第三个部分是未来价值的范畴。现实使用价值包括直接使用价值和间接使用价值。直接使用价值是自然资源可以直接用于生产生活过程的经济价值，具有市场价格或者没有价格但可以通过市场的方法估算出来；间接使用价值是自然资源间接用于生产生活的经济价值，没有直接的市场价格，可以通过增量法来估算其价值，通过评估存在这种资源和不存在这种资源两种状况下的价值差额来估算。存在价值是自然生态系统为人类提供的生态价值，是自然环境资源以天然的方式存在时所表现出来的价值。选择价值属于使用价值的范畴，但它衡量的是未来的直接和间接使用价值，是人们为了保护和保存某一自然资源而做的预先支付。

在环境经济理论框架下，人们对自然资源价值的认识是多维度和系统化的。以下是几个关键点：

一是自然资源价值的多维性。自然资源价值包括使用价值、非使用价值或内在价值。其中，使用价值涵盖直接使用价值和间接使用价值，如木材或药用植物（直接使用价值）以及生态服务功能（间接使用价值）。

二是价值评估方法。自然资源价值的评估方法多样，包括市场法、收益法、成本法、当量因子法、功能价值法和生态元法等。这些方法旨在通过货币化的方式评估自然资源的价值，将环境问题的经济影响纳入决策过程。

三是价值实现路径。自然资源价值的实现可以通过市场交易、政府政策、生态补偿、资源配额交易等多种途径。例如，公共性生态产品通过政府路径实现其价值，经营性生态产品通过市场交易实现其价值。

四是环境损害与效益。环境质量的恶化被称为环境损害，而采取措施改善环境质量并避免环境损害则为环境效益。环境经济评价旨在衡量人们对环境物品或服务的偏好程度，通常基于支付意愿或接受赔偿意愿。

五是自然资源核算。自然资源价值是自然资源核算的基础。核算体系通常分为三个层次：单一资源的实物和价值核算、自然资源的综合核算以及将自然资源核算纳入国民经济核算体系。

六是经济增长与资源依赖。在经济相对落后条件下，自然资源开发利用往往是粗放型的，经济增长依赖于资源的大量投入。随着经济的发展，对资源的依赖减少，转向集约型经济增长方式。

七是环境经济政策。政策制定需要考虑自然资源价值的实现，包括生态补偿、污染控制、环境经济评价等，以促进经济与环境的协调发展。

八是挑战与困境。实现自然资源价值的过程中存在产权困境、价值核算和定价困境、市场困境、资金困境、技术困境等。需要通过创新的政策、技术和市场机制来解决这些问题。

综上所述，环境经济理论框架下对自然资源价值的认识强调了自然资源的多重价值和实现路径的多样性，以及在经济增长中对资源依赖和环境保护之间平衡的重要性。

4.2.5　循环经济理论框架下对自然资源价值的认识

循环经济理论框架下人们对自然资源价值的研究借鉴了商品价值的研究方法，认为自然资源价值也具有实物表现形式和货币表现形式，同时也借鉴了生态经济理论对自然资源价值的研究方法，将自然资源价值分为流量价值和存量价值。具体来说，人们在对环境经济学有关自然资源价值构成研究的基础上，进行了一定改进，提出循环经济框架下自然环境资源价值的构成：

自然资源环境价值＝现实使用价值＋分享价值＋选择价值＋储备价值

其中，现实使用价值是自然环境资源可以直接用于生产和生活过程的经济价值，可以直接或间接地获得市场价格，数量上等于消费者为消费环境资源所付出的费用总和；分享价值反映的是自然环境资源的外部性价值；选择价值是对环境经济学中选择价值的改进，是指提供给当代人将来选择使用和分享的资源价值；储备价值是后代人可以获得的自然环境资源的价值。

循环经济理论框架下对自然资源价值的认识强调资源的高效利用和循环再生，以实现经济、环境和社会的可持续发展。以下是几个关键点：①资源高效利用。循环经济倡导通过提高资源利用效率，减少资源消耗和浪费，延长资源的服务周期。②循环再生。循环经济理论认为，资源不是被消耗掉，而是可以经过使用、回收、再加工后再次进入经济循环，实现物质的闭环流动。③减量化。减少生产和消费过程中的资源消耗和废弃物的产生，通过优化设计和工艺来降低对自然资源的依赖。④再利用。提高产品的重复使用率，延长产品的使用寿命，减少新产品的生产需求。⑤资源回收。通过回收和再加工废弃物，将其转化为新的资源，减少对原始自然资源的开采。⑥生态服务价值。循环经济不仅关注直接的经济价值，还重视自然资源提供的生态服务，如净化空气、调节气候等，这些服务对于维持生态平衡至关重要。⑦生命周期评估。循环经济采用生命周期评估方法，从资源的提取、加工、使用到废弃整个生命周期来评估资源的价值和环境影响。⑧绿色设计与清洁生产。在产品设计和生产过程中采用绿色化学原理，减少有害物质的使用，提高资源的循环利用率。⑨政策与激励机制。循环经济需要政府的政策支持和市场激励机制，如税收优惠、补贴、绿色信贷等，以促进企业和消费者参与资源循环。⑩社会文化因素。循环经济还涉及社会文化因素，如提高公众对资源循环利用的认识，培养节约资源和保护环境的意识。⑪经济模型创新。循环经济需要创新经济模型，如共享经济、循环供应合同等，以适应资源循环利用的需求。⑫风险管理。循环经济还需要考虑资源循环过程中可能产生的环境风险和健康风险，确保资源的安全回收和利用。

循环经济理论框架下对自然资源价值的认识是全面且系统的，它不仅关注资源的经济价值，还强调资源的生态价值和社会价值，以及资源在经济系统中的循环再生能力。通过这种认识，可以促进资源的可持续管理和利用，实现经济发展与环境保护的双赢。

4.2.6　自然资源价值的简要述评和进一步讨论

按照可持续发展理论的思路，当代人在享受自然环境资源提供的环境服务的同时，也要考虑到后代人享受环境资源服务的权利，不能以牺牲后代人的权利为代价来满足当代人无尽的欲望，因此结合到自然环境资源的价值，就要考虑当代人和后代人之间的关系，也就是要考虑当代价值和后代价值、代际公平等问题。

基于上述对自然环境资源价值的分析，各种价值概念是不同层次的。一般意义上，现实使用价值和分享价值是当代人可以使用的价值，前者是可以通过市场交易实现，具有私人物品的特征，后者是外部性价值的体现，而选择价值是当代人的预期价值，因此，这三者可以统称为当代价值。储备价值是后代价值。从代际公平角度分析，自然资源的存量不能因为当代人的行为而减少，自然要素的组合方式保持不变或者得以优化，一些不可再生资源可以适当减少，但必须要求替代资源以相应幅度增长来补偿。

4.3 基于相关理论的旅游资源价值一般属性与特殊属性

本节按照上述对自然资源价值研究的成果，结合旅游资源的特殊性质和旅游经营特征，分析旅游资源价值的一般属性和特殊属性，以期为后文的研究奠定理论基础。

4.3.1 旅游资源价值的一般属性

旅游资源作为自然环境资源的有机组成部分，两者有着密切的、天然的联系。在一定意义上，旅游资源和自然环境资源的界限和区分是模糊的，严格把两者区分开来既困难也没有意义。因此，旅游资源作为自然环境资源的一种范畴，也就具备了自然环境资源的一般属性。本节按照上述各种理论对自然资源价值的研究成果，分析研究旅游资源价值的一般属性。

效用价值理论对旅游资源价值属性的分析。根据效用价值理论，效用是物品满足人欲望的能力，价值是人对物品满足自己欲望能力的一种主观评价，效用价值理论与稀缺性这一概念有着密切的联系。本书结合旅游环境资源来分析其价值属性，可以看出旅游资源同时具备能够满足人类旅游需求和稀缺性两个条件。大部分旅游资源具有两大功能：一是提供货物的功能；二是提供服务的功能。旅游活动总量因大众化旅游的兴起而逐渐突破环境容量的限制，旅游资源的稀缺性逐渐显现。因此，旅游环境资源具有价值的一般属性。

劳动价值理论对旅游资源价值属性的分析。劳动价值理论的核心观点认为抽象劳动是价值的唯一源泉，这就决定了其在解释旅游资源价值方面存在一定的局限性，但并不妨碍我们得出旅游资源具有价值属性的结论。结合旅游实践活动的发展规律来看，大多旅游资源都被旅游开发企业加以改造，天象与气候景观也受到人类活动的影响，因此旅游资源具有程度不一的人类劳动属性，依据劳动价值理论可以得出旅游资源有价值这一结论。

生态经济理论对旅游资源价值属性的分析。由于旅游环境问题的复杂性，目前生态经济理论对旅游资源价值的认识没有相对统一并被普遍接受的研究成果，仅有一些零散的、结合具体旅游资源和旅游活动的研究成果，缺乏推广的价值。

环境经济理论对旅游资源价值属性的分析。本书主要按照经济路径的分类方法研究旅游资源价值。依据环境经济理论对自然资源价值的分析，从旅游资源提供的服务是否能够通过市场交易划分出发，旅游资源的价值可分为现实使用价值、存在价值和选择价值。其中前两者是同当代人相关的价值，选择价值是未来的价值。旅游资源的价值主要体现在存在价值和选择价值上，其中存在价值是现存的旅游生态系统为旅游者提供的生态价值，选择价值是可持续发展概念中的代际价值，是后代人能够获得的生态价值。由于旅游经营活动的特殊性质，必须依托旅游资源来维系日常运行，对于旅游资源是使用而不是交易，因此其现实使用价值退居其次。

循环经济理论对旅游资源价值属性的分析。按照循环经济理论对自然资源价值的划分，可以考虑将旅游资源价值分为流量价值和存量价值。出于便于操作和现实应用的目的，对旅游资源价值的构成进行合并处理，简化为流量价值和存量价值，结合旅游经营的特殊性质，可以把旅游资源价值深化为以下观点。流量价值是同旅游活动在一定时期内利用旅游环境容量提供旅游服务获得的经济效益呈正相关，旅游环境容量由于同时具备稀缺性和有用性必然具有价值属性，旅游经营者利用环境容量要承担一定的费用，这是旅游环境成本的组成部分。存量价值可以理解为不同时间点旅游环境容量和环境质量的差值，评价了旅游活动在一定时期内对环境的累积影响程度，如在经营期初和经营期末、年初与年末分别计算环境容量。如果两者差值为负值，就代表环境质量恶化；如果两者差值为正值，就代表环境质量改观。以此研究为基础，可以建立旅游环境容量监控制度，及时反映旅游活动的环境影响，便于及时发现问题和解决问题，做到防患于未然，实现旅游活动的可持续性。

4.3.2　旅游资源价值的特殊属性

分析旅游资源价值的特殊属性必须结合旅游经营活动的特殊性和旅游资源的利用情况。从旅游经营活动的特殊性来看，旅游资源是核心生产要素，旅游活动是高度资源依托型的活动，必须依靠优美的自然环境和生态系统才能维系旅游产业的运行。从旅游资源的利用情况来看，旅游资源在旅游生产函数中是长期使用的固定资产，不是用于日常消耗。上述两种因素的结合决定了旅游资源不同于一般的自然资源，从分类和价值管理手段上都应有所区别。

按照环境经济理论对资源的分类，可以把资源分为可再生的资源和不可再生资源。如果按照这种分类方法，自然旅游资源的大部分类型如森林景观显然属于可再生旅游资源[1]，但是根据上述对旅游经营活动的特殊性和旅游资源的利用情

---

[1]　多数人文旅游资源属于不可再生资源，如人文古迹类旅游资源。前文注明本书主要研究自然旅游资源。

况的分析，这种分类值得商榷，自然旅游资源呈现不可再生资源的特征，如森林景观是用于为旅游者提供服务而不是用于采伐出售，这是一种对旅游资源的长期依赖。因此，自然旅游资源从分类来看呈现双重特征，调节手段应该同时考虑可再生资源和不可再生资源的管理模式。

从相关理论对自然资源价值的分析来看，部分结论在旅游资源价值领域并不适用。例如，一般生态经济理论对森林资源的分析成果不适应于研究森林旅游资源，其原因在于旅游经营的特殊性，旅游产业是典型的资源依赖型产业，必须依托优美的自然资源才能为旅游者提供旅游服务，因此森林旅游活动是把森林旅游资源作为长期使用的资本而不是用于出售，一般生态经济理论对森林资源的处理有一个前提条件，即森林资源是用于市场交易，因此，生态经济理论对森林资源价值的研究并不适用于森林旅游资源价值属性的分析和研究。

在此简要分析一下旅游资源的加工成果，即旅游产品价值的确定，需要考虑旅游产品使用价值的性质。旅游产品的核心是旅游服务，通过为旅游者提供高质量的旅游服务实现旅游经营企业的目标。旅游产品的价值确定既有同一般产品相同的部分，也有自己的独特属性。首先分析一般性，其次结合旅游行业的性质分析其特殊性。①一般性分析。按照劳动价值理论的产品价值的分析，一般意义上产品价值涵盖三个要素，分别是用于物质消耗补偿的部分、用于劳动力消耗补偿的部分、旅游从业者创造的新增价值。②特殊性分析。旅游产品价值确定的特殊性表现在两个方面，分别为要考虑旅游服务的差别和旅游资源垄断程度的差异。旅游服务是旅游产品的核心，旅游产品价值同服务质量的高低有密切的联系，主要体现在人类社会交往关系的标准，同劳动投入没有直接关系。旅游产品价值的确定除了考虑服务的差别外，还要考虑旅游资源的价值和垄断程度，不能简单地按照劳动价值论来分析其价值量的大小，由于旅游资源具有一定程度的垄断性，同时也是旅游活动的核心生产要素，具有不可替代性，其实际价值远远大于劳动所体现的价值。

综合以上的分析可以看到，确定旅游资源价值除了遵守一般的价值规律，同时也要结合旅游资源的使用特征和旅游经营活动的特殊性，考虑旅游资源所体现的人与人之间的关系、旅游资源的稀缺性和垄断程度等因素的影响，才能全面科学地分析旅游资源的价值。

4.4 旅游环境成本的属性分析

本节主要结合旅游环境成本在旅游实践中的表现，分析旅游环境成本的基本属性——外部性，并对其外部性特征进行拓展分析，即旅游环境成本连带外部效应的分析，并研究了旅游环境成本内生化问题。

4.4.1 旅游环境成本的外部性分析

4.4.1.1 旅游环境成本的成本属性

按照传统经济学对成本的解释，成本必须同时具备两个条件。一是资源要有稀缺性，二是资源可以配置到多种用途，要考虑不同配置的机会成本。随着产业革命的完成，大众化旅游逐渐兴起，旅游活动总量逐渐接近进而突破环境容量的限制，旅游资源的稀缺性逐渐显现。旅游经济活动既需要消耗有关的资源环境所提供的商品和服务，同时也会给资源环境带来一些不利影响，从而产生环境成本。既然旅游资源具有多种用途，就需要考虑旅游发展的机会成本。

因此，从经济学意义上的成本前提条件来分析，旅游资源同时具备稀缺性和多种配置用途，符合成本的定义，旅游环境成本从微观角度应该纳入旅游经营企业的决策框架，从宏观角度应该纳入国民经济核算体系。然而从理论到实践都存在对旅游环境成本的忽视。

从实践来说，基于旅游经营周期角度来看，从最初的旅游规划到正常运营环节都存在着对旅游环境成本的忽视。规划环节的忽视将导致一些对环境破坏较大的项目投入运营，造成长期、累积、不可逆的影响，这种影响将是深远的。在运营环节，旅游环境成本没有完全纳入旅游经营主体的决策框架，对环境成本的忽视造成旅游环境成本内化为经营主体的超额利润，不顾旅游环境容量的限制，扩大旅游接待量，这些短期化倾向严重影响旅游的可持续发展。从理论来说，环境资源作为一种特殊的生产要素，长期以来并没有纳入经济学的分析框架，旅游资源的研究更是滞后于经济学的发展。按照瓦尔拉斯一般均衡范式的分析，假设市场完备并能反映资源的稀缺性，这在旅游经济领域并不现实，旅游资源市场滞后严重影响对资源价值和成本的评价。在古典经济学分析框架里面，亚当·斯密认为自然资源是国家财富及其增长的决定因素，但并没有同成本、价值等概念联系。后期的新古典增长理论把土地、资本、劳动、企业家才能作为生产要素，按照欧拉定理的表述，每种生产要素依据各自对产量的贡献来分配生产成果，分配后剩余为零，因此，新古典增长理论的四种生产要素把收益分配殆尽，以所有者主体缺失为特征的环境资源没有得到任何的补偿。在旅游经济学领域，旅游环境资源及其景观功能如环境容量也体现出所有者缺失的特征，没有主体代表旅游资源得到分配成果。对旅游资源的外部性问题也关注不够。

4.4.1.2 旅游资源与环境成本外部性的分析

旅游资源的外部性表现在两个方面，即正外部性和负外部性。本节基于对外部性本质的分析，结合旅游资源的特殊属性，分析其外部性问题。最初理论界对环境问题的关注可以追溯到科斯和庇古对外部性问题的研究。庇古认为外部性的存在使市场配置资源的结果偏离帕累托最优状态，提出向污染者征收庇古税来纠正负外部性问题，科斯认为可以通过明晰产权来降低外部性。从外部性的本质来说，不同财产和权利束之间共享边界线，由于物质、能量等方面的原因，在财产使用过程中不可避免要发生碰撞，相互依存的情况经常发生，这就是外部性产生的根源，其本质就是财产属性之间的物理联系。被分割的权利越多，财产之间的边界就越复杂，新外部性产生的可能性就越大，解决外部性的交易成本越高。

旅游企业的经营活动包括两个方面的内容，分别是向旅游者提供旅游商品和服务，前者是对自然资源产品和人造产品进行加工、销售，后者就是直接凭借自然环境和历史遗留进行运营，这是旅游经营的核心部分。旅游经营活动从两个层面上对环境造成影响，即通过获取自然资源和向环境排放，从而导致环境成本的发生。由于向旅游者提供商品这种类型的经营活动同一般的提供商品区别不大，本节着重分析后一种情况，即旅游经营的核心部分。

旅游资源的不可移动性特征决定了旅游产品的核心即旅游服务的提供同一般劳务的提供有着本质的区别。旅游服务的提供具有生产与消费的同步性或者生产与消费的不可分割性特征。旅游者在旅游环境中的体验过程既是旅游消费的过程，也是旅游服务的生产过程，两者严格同步。结合旅游者数量和旅游环境容量的关系，可以分为三种情况分析。第一，在旅游者数量低于最适环境容量能够提供的接待量的情况下，旅游者之间的交往更多的是一种愉悦感、亲近感、归属感，相互之间的影响较小，体现的是一种正外部性，对旅游环境造成的影响在环境的自净能力范围内。第二，旅游者数量超过最适环境容量能够提供的接待量，低于最大环境容量能够提供的接待量，从旅游者旅游享受的角度来看，体现的是一种负外部性，旅游者数量的增加会影响旅游的质量和效果，但从环境容量来看，由于没有达到环境自净能力的极限，旅游对环境的影响较大但没有达到不可逆的状况，可以通过对旅游接待量的制约，实现旅游环境资源的修复和可持续发展。第三，旅游者数量超过最大环境容量能够提供的接待量，在这种情况下，出现了两种类型的负外部性，一是旅游者之间由于人数的增多导致权利束之间边界重叠复杂，相互之间的冲突严重，对旅游经历造成严重的破坏；二是旅游接待规模超过最大环境容量，对环境造成一种不可逆的影响，污染严重、景观破坏、生态功能退化等不可持续发展现象出现，这种影响很难修复，即使能够修复也需要付出很大的资金。

目前，中国并没有完全建立旅游环境成本内生化的机制，在旅游资源评估中也没有体现出环境容量的价值，造成旅游企业不考虑环境成本，对资源掠夺性开发利用，不能实现旅游的可持续发展，因此必须建立旅游环境成本内生化的机制，给旅游经济活动附加一个新的约束条件即环境约束，实现旅游经济的可持续发展。

4.4.2 旅游外部性拓展分析——连带外部效应分析

在一般旅游经济学分析框架里，通常假定或者隐含着旅游者之间对某种旅游产品的需求是相互独立的前提条件，也就是说，个体旅游者对旅游产品的需求仅取决于个体的偏好、收入、闲暇时间等个体因素，以及一些宏观政策如黄金周政策的影响，不取决于同其他旅游者对该种旅游产品的需求。因此，可以通过对个体旅游需求的直接加总得出市场旅游需求曲线。

旅游资源外部性和旅游活动外部性的存在导致旅游者之间在消费旅游产品时，由于相互之间存在权利束的接触和冲突，旅游者对旅游产品需求相互独立这一前提条件失效，旅游者之间对某种旅游产品的需求不再是相互独立的，彼此之间由于外部性的原因而相互影响，也即是存在着连带外部效应。

在旅游实践中，旅游连带外部效应可以是正的，即存在正外部性，如果一个代表性旅游者对某种旅游产品的需求随着其他旅游者购买数量的增加而增加，就会出现正外部性；旅游连带外部效应也可能是负的，即存在负外部性，如果一个代表性旅游者对某种旅游产品的需求随着其他旅游者购买数量的增加而减少，就会出现负外部性。本书基于环境成本的视角分析，出于简化分析的目的，不考虑闲暇时间约束对旅游外部性和旅游需求的影响。

4.4.2.1 连带外部正效应

连带外部正效应在旅游活动中的表现之一是攀比效应。当旅游产品存在着示范效应时，旅游产品创新活动将引发新的旅游形式（如生态旅游），这些旅游活动引导旅游消费潮流，属于未来旅游发展方向，旅游者以能参与这些旅游活动为荣，就会出现连带正外部性的表现形式——攀比效应。

在旅游活动中还会出现另外一种连带外部正效应，这种效应同旅游者的心理感受密切相关。旅游者在旅游过程中的感受受到多种因素的影响，可以说是多种因素综合作用的结果，其中在局部旅游区域内旅游者的数量是一个重要因素。在旅游者数量低于最适环境容量能够提供的接待量的情况下，旅游者之间的交往更多的是一种愉悦感、亲近感、归属感，相互之间的影响较小。在这种情况下，旅游者对某种旅游产品的需求也取决于其他旅游者的需求数量，体现的是一种正的连带外部效应，对旅游环境造成的影响在环境的自净能力范围内，旅游活动引发的环境成本处于可控范围之内，如对水体、空气等环境因素的危害是可以通过环境的自净能力吸收的。

　　分析这两种连带外部正效应，可以看出两者的共同之处，随着其他旅游者对旅游产品需求的增多，潜在旅游者对这种旅游产品的价值赋值就越大，导致旅游需求曲线向右移动，下面以图示方式进行分析，如图 4-1 所示。假设线性的旅游需求曲线为 D，纵轴为价格 P，横轴为需求数量 Q，图 4-1 中有 D_1、D_2、D_3、D_4 四条旅游需求曲线，从左到右分别代表已经购买某种旅游产品的旅游者数量逐渐增多的代表性旅游需求曲线。当市场上已经购买某种旅游产品的旅游者数量是 D_1 的时候，潜在旅游者面临的是以 D_1 为代表的旅游需求曲线；当购买该种旅游产品的旅游者数量增多到 D_2 的时候，潜在旅游者认为该种旅游产品价值更大，面临的旅游需求曲线向右移动至 D_2 的位置，以此类推。以 (P_1, Q_1) 均衡点为起点开始分析，当旅游产品价格降低到 P_2 的时候，购买该种旅游产品的旅游者增多，潜在旅游者认为该种旅游产品对自己价值更大，旅游需求曲线右移，均衡点出现在 (P_2, Q_2) 的位置，不再是传统的均衡分析的结论，即图 4-1 中 A 点的位置。同样分析过程也适用于 (P_3, Q_3)、(P_4, Q_4) 均衡点的分析。依次连接以 (P_1, Q_1)、(P_2, Q_2)、(P_3, Q_3)、(P_4, Q_4) 等为代表性的均衡点，即可得到相对比较富有弹性的旅游需求曲线 D。

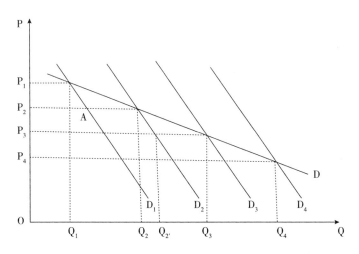

图 4-1　连带外部正效应分析

由于连带外部正效应的存在，导致相对比较富有弹性的旅游需求曲线 D 的出现。以（P_2，Q_2）到（P_3，Q_3）的均衡状态变化分析连带外部效应。当价格是 P_2 的时候，均衡出现点（P_2，Q_2）；当价格是 P_3 的时候，均衡出现点（P_3，Q_3），总变化效应是 Q_3-Q_2，其中沿着需求曲线 D_2 的变化 $Q_{2'}-Q_2$ 为纯价格效应，沿着水平方向由 D_2 到 D_3 的变化 $Q_3-Q_{2'}$ 为连带外部效应，其数值为正，体现的是正外部性。因此，连带外部正效应的出现强化了需求数量对价格变化的敏感程度，使旅游需求更加富有弹性。

在旅游经济领域，具有连带外部正效应的产品由于旅游者数量的增加并没有对其他旅游者带来不利影响，相反却具有一定的正效应，一般来说旅游活动引致的环境成本依然处于旅游环境的阈值之内，旅游活动的负面效应并没有造成不可逆的影响，但这并不代表免除了旅游经营者对旅游资源环境进行实物和价值补偿的义务，因为这些旅游活动具有累积效应，随着旅游者的增多必然会达到并突破旅游环境容量的极限，旅游经营者在这种状况下虽然无须为破坏环境付费，但是应该为使用旅游环境容量这一具有稀缺性和价值属性的物品付费，这样才能满足旅游可持续发展的要求，实现旅游的可持续发展。

4.4.2.2　连带外部负效应

在旅游经济发展的实践中连带外部正效应出现的情况不多，更多的是一种与之相反的效应，即连带外部负效应，其主要表现在"拥挤效应"①。连带外部负效应可以分为两种情形分析。

当旅游景区接待的旅游者数量超过最适环境容量同时低于最大环境容量的情况下，从旅游者的旅游感受角度来看，随着旅游者数量的增多，旅游者的旅游质量无疑在下降，对旅游产品的价值评价也降低。在这种情形下，旅游活动对环境的影响虽然增强，并没有突破环境阈值的限制，环境的自净能力受到影响较大，但是并没有破坏其稳定状态，只要给予充足的时间恢复，就不会有不可逆的破坏。很不幸这种良好的愿望让位于旅游逐利的动机，现实中旅游接待量持续增长进而达到最大环境容量的极限，从而产生了第二种情形。

当旅游景区接待的旅游者数量超过最大环境容量时，旅游区人满为患，随着旅游者数量的增多，超负荷运营对环境的破坏作用就愈发显著，甚至会造成不可逆的影响，环境系统的平衡被打破，旅游者的旅游感受和质量极大降低，对于旅游产品的价值评价下降。这种状况造成了不可持续发展的状态，对环境成本的影

---

① 学术界并没有明确提出旅游的"拥挤效应"，笔者基于旅游景区超负荷接待旅游者现实的普遍存在，尝试性地提出"拥挤效应"，以期分析该种状况对旅游环境和环境成本的影响。

响深远。

    分析这两种连带外部负效应，可以看出两者的共同之处，随着其他旅游者对旅游产品需求的增多，潜在旅游者对这种旅游产品的价值赋值降低，导致旅游需求曲线向左移动，下面以图示方式进行分析，如图 4-2 所示。假设线性的旅游需求曲线为 D，纵轴为价格 P，横轴为需求数量 Q，图 4-2 中有 D_1、D_2、D_3、D_4 四条旅游需求曲线，从上到下分别代表已经购买某种旅游产品的旅游者数量逐渐增多的代表性旅游需求曲线。当市场上已经购买某种旅游产品的旅游者数量是 D_1 的时候，潜在旅游者面临的是以 D_1 为代表的旅游需求曲线；当购买该种旅游产品的旅游者数量增多到 D_2 的时候，潜在旅游者认为该种旅游产品价值降低，面临的旅游需求曲线向左移动至 D_2 的位置，以此类推。以 (P_1, Q_1) 均衡点为起点开始分析，当旅游产品价格降低到 P_2 的时候，购买该种旅游产品的旅游者增多，潜在旅游者认为该种旅游产品对自己价值降低，旅游需求曲线左移，均衡点出现在 (P_2, Q_2) 的位置，不再是传统的均衡分析的结论，即图 4-2 中 A 点的位置。同样分析过程也适用于 (P_3, Q_3)、(P_4, Q_4) 均衡点的分析。依次连接以 (P_1, Q_1)、(P_2, Q_2)、(P_3, Q_3)、(P_4, Q_4) 等为代表性的均衡点，即可得到相对比较缺乏弹性的旅游需求曲线 D。

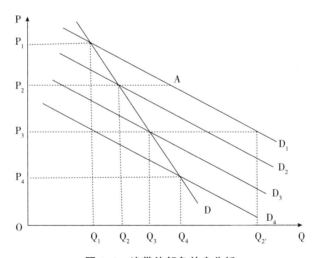

图 4-2　连带外部负效应分析

    由于连带外部负效应的存在，导致相对比较缺乏弹性的旅游需求曲线 D 的出现。以 (P_2, Q_2) 到 (P_3, Q_3) 的均衡状态变化分析连带外部效应。当价格是 P_2 的时候，均衡出现点 (P_2, Q_2)；当价格是 P_3 的时候，均衡出现点 (P_3, Q_3)，总变化效应是 Q_3-Q_2，其中沿着需求曲线 D_2 的变化 $Q_{2'}-Q_2$ 为纯价格效应，沿着水平

方向由 D_2 到 D_3 的变化 $Q_3-Q_{2'}$ 为连带外部效应，其数值为负，体现的是负外部性。因此，由于连带外部负效应的出现淡化了需求数量对价格变化的敏感程度，使得旅游需求缺乏弹性。

在旅游经济领域，具有连带外部负效应的产品由于旅游者数量的增加强化了对潜在旅游者的不利影响，一般来说旅游活动引致的环境成本突破了旅游环境阈值的极限，旅游活动的负面效应造成不可逆的影响，旅游经营者在这种状况下，不仅应该为使用旅游环境容量这一具有稀缺性和价值属性的物品付费，还需要为破坏环境付费，这样才能满足旅游可持续发展的要求，实现旅游的可持续发展。

4.4.3 旅游环境成本内生化是解决外部性问题的关键

按照经济学的定义，外部性是一个经济主体的行为对另一个经济主体产生了影响，这种影响并没有从货币或市场交易中反映出来，外部性制造者并没有承担其应付成本或获得其应得报酬。外部性导致私人成本和社会成本不一致，其差额等于外部成本，结果是市场均衡偏离社会最优状态，正外部性导致均衡低于社会最优，负外部性导致均衡高于社会最优，两者对社会来说都偏离了帕累托最优配置。

旅游环境容量体现为在一定容量限度内旅游环境资源能够提供的接待量而不产生环境成本，其功能类似于环境对污染物的稀释自净能力，但这并不意味着旅游经营者不需支付任何费用，因为旅游环境资源的容纳能力属稀缺资源，应有其自身的价格。当旅游者数量不断增加并超过一定限度时，环境的吸收能力将会受到损坏。因此，旅游经营者不仅要支付污染环境的费用，还要支付使用环境容量的费用。旅游环境成本产生原因在于旅游环境和环境容量资源作为一种公共财富被无偿使用，企业尽可能地从中获取最大的正效益，而由此产生的负效益则由其他主体和社会承担。旅游环境成本减少了旅游经济的总体效益，在获利动机的驱使下，每一个经营主体就往往只从自己的角度来考虑各种选择的成本和收益，而不考虑由此产生的社会后果。当众多经济主体共同进行资源的无偿开发，对污染的结果不承担任何责任时，必然导致资源的枯竭，造成严重污染。针对企业缺乏自我约束其环境行为和控制其环境影响的内在动因，将企业环境成本内生化，使社会成本和私人成本接近一致，是解决这一问题的关键。

本节主要分析了旅游环境成本的基本属性，通过对外部性的分析和拓展，从理论上分析旅游环境成本的经济学含义，提出实现旅游环境成本内生化是解决问题的关键。

4.5 纳入环境成本的旅游可持续发展研究

在上文对旅游资源价值和旅游环境成本研究的基础上，本节主要研究基于旅游环境成本视角的旅游可持续发展问题，把旅游环境成本纳入旅游可持续发展的框架，分析两者的关系。

本节主要内容包括基于环境成本视角对旅游可持续发展概念的解读、建立涵盖旅游环境约束的旅游可持续发展框架、旅游不可持续发展的成因分析。

4.5.1 旅游可持续发展概念的解读：基于旅游环境成本的视角

随着可持续发展思想的兴起，学者们从不同的学科角度对可持续发展的概念进行理论研究。基本公认的概念是《布伦特兰报告》所作的定义，根据该报告所作的权威解释，所谓"可持续发展"是指"既满足当代人需要，又不对后代人满足其需要的能力造成危害的发展"。按照该定义，旅游可持续发展一般认为是能够满足当代人旅游需求，并且不损害到后代人满足其旅游需求的旅游发展模式。

按照前文对旅游环境成本的基本界定，旅游环境成本分为旅游资源使用成本和环境保护治理成本。前者可以考虑按照旅游环境容量进行流量控制和存量控制，旅游经营者依托旅游资源获取经济效益，应该为使用旅游资源容量付费；后者是用于旅游环境恢复的成本，对造成旅游环境破坏的经营者和旅游者收费，用于环境治理。

本书尝试把旅游环境成本引入旅游可持续发展框架。按照前文关于旅游可持续发展和旅游环境成本的解读，可以提出如下定义：旅游可持续发展是在满足当代人旅游需求时，不应以损害旅游资源环境为代价，通过保持旅游环境成本基本不变或略有降低[①]以保证旅游资源不恶化，保证后代人满足其旅游需求能力不受损害的发展模式。

4.5.2 建立涵盖旅游环境约束的可持续发展框架

传统经济学对企业约束的分析包括三个方面：一是技术约束，考察企业生产要素同产量的关系，可以用生产函数来表达；二是成本约束，考察企业生产要素同收入的关系，可以用成本函数来表达；三是需求约束，考察企业生产的产品同

---

① 如果采用实物形式管理，需要从旅游环境容量方面进行管理；如果考虑价值形式管理，需要采用不变购买力的指标进行管理。

市场需求的关系，可以用企业产品需求函数来表达。传统企业在技术约束、成本约束和市场约束三者的共同作用下做出自己的决策，三种约束中任何一种不能满足，企业生产就无法持续下去。

旅游产业的发展必须依托旅游资源与环境才能进行，作为高度资源依赖型产业，旅游日常经营活动直接发生在旅游环境中，同环境的联系非常密切，必然会对旅游环境造成一定的影响。同时对旅游环境成本现实属性的分析可以得出以下结论：现实中旅游环境成本呈现隐性成本性质，没有进入旅游企业和宏观国民经济核算体系，导致旅游环境对企业的约束软化，没有起到约束和激励作用，不能制止旅游企业破坏性的开发行为。

因此，要从根本上改变不可持续发展的现状，必须把旅游环境成本约束纳入旅游企业的决策框架，加强旅游环境对企业决策的制约。下面给出两种备选方案：一是旅游环境成本内生化，使之成为旅游企业成本的一个组成部分，环境约束隐含在成本约束的框架内，即涵盖旅游环境成本的成本约束、技术约束和需求约束三种约束形式；二是把旅游环境约束单列，同技术约束、成本约束、需求约束一起发挥对旅游企业的约束作用。

4.5.3　旅游不可持续发展的成因分析

4.5.3.1　旅游资源无价或低价

旅游资源无价或低价的局面导致了旅游企业对资源的高强度利用、超负荷运营、掠夺性开发等，获得旅游经济的数量型增长，片面追求经济效益，忽视环境保护和环境效益。这使旅游业蓬勃发展的同时，旅游活动造成的环境影响的累积效应逐渐发挥作用，各种不可持续发展的负面现象开始出现，影响到旅游环境的质量和价值，对旅游业的长期发展带来了重大的甚至是不可逆的影响。

因此，要改变目前不可持续发展的局面，必须改变传统线性发展模式，倡导旅游循环经济发展模式，实现旅游可持续发展的目标，这就引出了本书第 5 章的研究内容，即旅游循环经济研究。

4.5.3.2　代际关系的失衡

旅游可持续发展的公平性原则一方面强调可持续发展要缩小地区差距，实现区域间的协调发展，满足横向公平的要求，实现代内公平；另一方面要求当代人在发展旅游经济的时候，不应片面的掠夺性开发旅游资源，不能以损害后代人的利益为代价来换取当代人的旅游发展和经济福利，以保证留给后代人的旅游资源存量不低于当代人从前代人继承的旅游资源存量，实现纵向公平，维系人类旅游活动的长期存在。

由于后代人不能在目前的旅游市场上出现，存在所有者缺位的问题，作为主要代表当代人利益的政府和管理机构也不能真正站在公平的角度考虑后代人的利益，致使当代人对旅游资源的破坏性开发行为失去了制约。

因此，需要建立代际公平的机制，实现旅游资源在代际间的合理配置，保证旅游资源完好地留给后代人，实现旅游经济的可持续发展，这是本书第 6 章的研究内容，即旅游代际公平问题研究。

4.6　本章小结

本章主要研究了相关理论对自然资源价值的认识、基于相关理论的旅游资源价值的一般属性和特殊属性、旅游资源价值与旅游环境成本的结合、纳入环境成本的旅游可持续发展等内容。通过本章的研究，可以得出以下几个结论。

（1）人类对自然资源价值的认识可以分为三个阶段：无价值表现阶段、模糊价值表现阶段、有价值表现阶段。

（2）旅游资源价值属性既体现了一般资源价值属性的特征，也有自己的独特表现形式，这就决定了相关理论在解释旅游资源价值属性时存在限制，必须用全新的视角重新分析其特殊表现。

（3）旅游资源同时具备稀缺性和多种用途，符合经济学成本的前提条件，因此，旅游环境成本具有成本的属性，应该进入旅游企业的分析框架。实现旅游环境成本内生化是解决外部性问题的关键。

（4）基于旅游环境成本视角重新解读了旅游可持续发展的概念，把旅游环境成本纳入旅游可持续发展的框架。

5 基于环境成本视角的旅游可持续发展实现途径
——旅游循环经济研究

中国旅游传统线性发展模式在取得一定成就的同时，也引发了一定的环境问题，旅游资源无价或低价的局面导致旅游经营企业忽视旅游资源价值和旅游环境成本，粗放型地利用和开发旅游资源，造成了旅游资源的浪费，结果是旅游产业的不可持续发展。按照旅游可持续发展的要求，必须改革旅游发展模式，改变旅游资源浪费的局面，旅游循环经济模式同旅游可持续发展的目标和指导思想是一致的，本章按照旅游环境经济发展模式的思路，对旅游发展模式的变革进行有益的探索，以期改变旅游不可持续发展的局面。

本章主要内容包括：旅游循环经济的理论基础、旅游循环经济的实践及案例研究、旅游循环经济运行框架的构建。

5.1 旅游循环经济的理论基础

本节主要分析了旅游循环经济的理论基础，包括经济价值总额理论、外部性理论、公共产品理论、可持续发展理论、微观经济学中的范围经济理论等内容，在阐述上述理论的基础上，本节对旅游循环经济做出一个理论上的定义，为后文研究旅游循环经济奠定基础。

5.1.1 经济价值总额理论

在环境经济学领域，经济价值总额理论主要用于计算自然资源的收益，主要影响因素是使用价值和非使用价值，其计算公式为：

$$TEV = UV + NUV = (DUV + IUV + OV) + (EV + BV) \qquad (5-1)$$

其中，TEV 为经济价值总额；UV 为使用价值，$UV = DUV + IUV + OV$；NUV 为非使用价值，$NUV = EV + BV$；DUV 为直接使用价值；IUV 为间接使用价值；OV 为选择价值；EV 为存在价值；BV 为遗赠价值。

由于旅游资源的经济价值总额里面的部分价值估算困难和方法上的不成

熟，主要是机会成本和外部性的原因，导致旅游资源价值总额估算困难。现实中旅游资源的部分功能是免费提供给旅游经营企业使用的，如旅游环境容量、旅游资源提供的游憩功能等，这就决定了旅游资源的经济价值总额实际上远大于现实中对于旅游资源的估算价值。旅游资源用于旅游经营，也就失去了用于其他领域的可能性，必须考虑其发展的环境成本和机会成本，旅游资源环境作为旅游生产要素理应得到理论界和实业界的重视并在旅游实践中体现出来。如果发展旅游循环经济的企业能够得到国家提供的鼓励和保护政策，制度设计如果能够保证该企业得到环境保护的收益，如采用俱乐部物品模型①的政策，就可以实现环境保护私人供给的目标，以弥补政府提供环境保护这种公共物品的不足。有了这种制度上的激励措施，就会形成一种良性的反馈机制，一方面，会吸引更多的投资主体参与旅游环境保护，促进旅游产业和相关配套产业的发展，使旅游区的生态系统能够长期维持良好状态；另一方面，良好的生态会吸引更多的旅游者，带来更多的旅游收入和就业岗位，充分发挥旅游产业的直接和间接拉动作用。旅游区发展循环经济必然会引发技术引进和技术改造，提高旅游区的形象，带来更多的旅游经济价值总额，其作用机理类似于宏观经济学上的乘数效应。

5.1.2 外部性理论

按照经济学的定义，外部性是一个经济主体的行为对另一个经济主体的福利所产生的效果，外部性导致正外部性和负外部性两种结果，两种结果都导致市场均衡偏离社会最优状态，即偏离了帕累托最优配置。

旅游循环经济的产生背景是传统旅游发展模式所存在的弊端和带来的负面效应，从经济学角度分析，传统旅游发展模式忽视了旅游发展所产生的外部性问题，自然旅游资源的公共品属性和对旅游环境成本的忽视造成了旅游资源无价值的认识。在实践中，从微观层次讲，旅游经营企业仅考虑自己所付出的实际成本，如技术、人力的消耗，不考虑旅游发展的机会成本和环境成本；从宏观层次讲，现行的国民经济核算体系没有自然资源价值的核算，造成大量旅游外部性的存在。发展旅游循环经济需要解决旅游发展带来的环境问题，这些问题产生的原因就是外部性。旅游环境和环境容量资源作为一种公共财富被无偿使用，企业尽可能地从中获取最大的正效益，而由此产生的负效益则由其他主体和社会承担。

---

① 俱乐部物品模型用于分析本质上属于公共物品，但是由于政府并不必然具有提供效率的高效性，存在私人供给公共产品的可能性，因此可以采用激励私人供给的措施。具体分析见文献：彭海珍，任荣明. 环境保护私人供给的经济学分析——基于一个俱乐部物品模型[J]. 中国工业经济，2004(5)：68-75.

旅游环境成本减少了旅游经济的总体效益，在获利动机的驱使下，每一个经营主体就往往只从自己的角度来考虑各种选择的成本和收益，而不考虑由此产生的社会后果。当众多经济主体共同进行资源的无偿开发，对污染的结果不承担任何责任时，必然导致资源的枯竭，造成严重污染。针对企业缺乏自我约束其环境行为和控制其环境影响的内在动因，将企业环境成本内生化，使社会成本和私人成本接近一致，是解决这一问题的关键。

5.1.3 公共产品理论

公共产品理论是外部性的一个典型例子，公共产品具有非竞争性和非排他性两个本质属性，包括完全公共产品和不完全公共产品，其中完全公共产品同时具备了非竞争性和非排他性，如国防、灯塔等；不完全公共产品具备非竞争性和非排他性其中之一，两者不会同时具备，如收费的公园。由于公共产品的基本属性决定了"搭便车"问题的出现，部分公共产品的受益人不会主动为公共产品付费，导致公共产品供给不足，出现资源配置失衡的现象。

旅游资源及其生态环境同时具备了非竞争性和非排他性这两个公共产品的本质属性，表现出典型的公共产品特征。在旅游环境容量的限度内，旅游者的增加并不妨碍原有旅游者的旅游活动，一些公共的旅游资源也无法把旅游者排除在外，但是同时旅游资源及其产品也呈现不完全公共产品的特征，例如可以通过门票制度实现排他性的目标，避免"搭便车"现象的出现，从而呈现复杂的表现形式。旅游资源可以为旅游者提供多种旅游需求，如宜人的气候、清新的空气、优美的风景等，这些功能既然满足了旅游者的需求，就具备了价值的属性。但是现实中，由于包括旅游资源价值评估困难、缺乏完善的旅游资源交易市场等原因，旅游经营企业没有为获得这些功能付出成本，同时向旅游资源所在地排放废弃物，增加了环境的负荷，导致了大量外部性的旅游环境成本。通过分析可以得出结论，旅游企业无偿获得了旅游资源的溢价，产生了外部性的环境成本，必然导致资源配置失衡，存在忽视旅游资源价值和环境成本的倾向，导致旅游目的地环境质量恶化和生态失衡。

发展旅游循环经济，要考虑旅游资源及其产品的公共产品属性。可以从两个方面分析，其一，针对旅游环境成本外部性问题，可以采取成本内生化的措施，例如采取征收环境税、收费制度等，使外部性的环境成本内生化为旅游经营企业的内部成本，对旅游资源进行实物和价值补偿，保护资源与环境；其二，针对旅游资源溢价问题，可以考虑建立完善的旅游资源市场体系，优化旅游资源评价制度，核算旅游资源的溢价，取得旅游资源经营权的企业要付出溢价部分，限制过度开发行为，实现旅游可持续发展的目标。

5.1.4　可持续发展理论

可持续发展思想源于人们对传统线性生产方式的反思。线性经济发展模式遵循"资源—产品—废弃物"的单向线性物质、能量流动，高投入、高消耗、高污染、低效益的经济增长方式导致了许多自然资源的短缺和枯竭，对自然生态系统带来了不可逆的影响。人们开始改变生产方式，实施可持续发展战略，实现社会系统、经济系统、生态系统的和谐统一。

旅游可持续发展是可持续发展理论在旅游领域的应用和具体体现，与一般意义上的可持续发展本质上是一致的。旅游资源满足人类旅游需求的能力是有限的，评价指标就是旅游环境承载力，即一定时期、一定条件下某地区旅游环境所能承受人类活动的阈值，旅游活动的影响如果超过了环境承载力，就会导致生态功能紊乱，产生不可逆的影响，因此，旅游活动要考虑环境承载力的限制，这是评价旅游是否能够可持续发展的重要指标。旅游可持续发展同时也强调在各代人之间有效地分配旅游资源，旅游发展不能以自然环境资源的恶化为代价，当代人在满足旅游需求的同时，不应妨碍到后代人满足他们旅游需求的能力。

旅游循环经济本质上是一种全新的旅游发展模式，强调在物质不断循环的基础上发展旅游经济，是符合可持续发展思想的发展模式。在旅游经济发展中，只有构建旅游循环经济体系，把旅游资源作为一种稀缺性的资源，相对应于一些可再生、可替代的资源来说更为重要，合理利用旅游资源，按照环境容量和环境承载力来规划旅游发展速度和规模，才能从根本上解决旅游、环境之间的矛盾，实现旅游经济效益、社会效益和生态效益的统一，实现旅游的可持续发展的目标。

5.1.5　范围经济理论

经济学中的范围经济理论主要研究多种产品生产企业产量与成本的关系。现实中单一产品生产企业极为罕见，大多数企业都生产多种产品，这可以从范围经济理论得到解释。联合生产会产生成本上的优势主要是基于以下的原因：投入要素和生产设备的联合运用、联合市场计划、降低成本的共同管理、其他生产要素的共享、生产过程的副产品在企业内部利用等，导致企业联合生产会比单独生产产生成本上的优势。范围经济存在于单个企业的联合产出超过两个各自生产单一产品的企业所能达到的产量之和①，如果企业的联合产出低于独立生产企业所能达到的产量，那么在其生产过程中就涉及范围不经济，这可能是源于两种产品生产过程产生了冲突。范围经济的评价指标一般采用范围经济程度(SC)表示，如式(5-2)所示。

$$SC = [C(Q_1)+C(Q_2)-C(Q_1，Q_2)]/C(Q_1，Q2) \qquad (5-2)$$

其中，$C(Q_1)$为单独生产企业 1 的成本函数；$C(Q_2)$为单独生产企业 2 的成本函数；$C(Q_1，Q_2)$为联合生产企业的成本函数。

在范围经济情况下，联合生产成本低于单独生产成本，因此范围经济程度 SC 大于零；在范围不经济情况下，联合生产成本高于单独生产成本，因此范围经济程度 SC 小于零。SC 的值越大，范围经济程度越高。

旅游循环经济本质上是一种封闭经济，遵循循环经济减量化、再循环、再利用的基本原则，强调资源在企业内部的循环利用，形成企业内部的小循环和企业外部的大循环。发展旅游循环经济可以实现成本的节约(可以用范围经济理论来解释)。旅游循环经济发展模式注重减少旅游资源投入，实现资源的循环利用和内部消化，发挥生产要素的最大效用，从而降低了环境负荷和环境影响。从旅游循环经济的成本来说，一方面，由于实现了生产要素的循环利用，要素投入减少，物质生产成本降低；另一方面，旅游循环经济发展模式对资源环境的破坏降至最小化，旅游环境成本较小，旅游生态系统处于稳定的均衡状态，旅游环境成本变化不剧烈，能够实现旅游产业的可持续发展。

5.1.6　旅游循环经济的定义解析

旅游循环经济是一种新的旅游发展模式，其基础是生态旅游和旅游可持续发展，同时也是循环经济在旅游经济领域的应用和实践。从旅游活动同环境密切联系这一特性出发，可以看出旅游业发展循环经济具有天然的有利条件和必要性。

从有关旅游循环经济的研究成果来看，大多是一些描述性分析和一些具体旅游区循环经济实践研究，对旅游循环经济内涵的研究相对较少。本书根据对旅游循环经济理论基础的分析，结合旅游循环经济发展实践和旅游活动的基本特征，对旅游循环经济的内涵进行简要分析。

现实中旅游资源的部分功能是免费提供给旅游经营企业使用的，如旅游环境容量、旅游资源提供的游憩功能等，这就决定了旅游资源的经济价值总额实际上远大于现实中对于旅游资源的估算价值，必须考虑其发展的环境成本和机会成

---

① 隐含条件是联合生产企业的投入生产要素等于两个单独生产企业的要素投入之和。

本。制度上的激励措施可以形成一种良性的反馈机制，旅游区发展循环经济必然会引发技术引进和技术改造，提高旅游区的形象，带来更多的旅游经济价值总额。发展旅游循环经济可以解决旅游发展带来的环境问题。

旅游资源及其生态环境同时具备了非竞争性和非排他性这两个公共产品的本质属性，表现出典型的公共产品特征，同时旅游资源及其产品也呈现出不完全公共产品的特征。旅游经营企业产生了外部性的环境成本，无偿获得了旅游资源的溢价，必然导致资源配置失衡，存在忽视旅游资源价值和环境成本的倾向。发展旅游循环经济可以从两个方面分析：其一，针对旅游环境成本外部性问题，可以采取成本内生化的措施，使外部性的环境成本内生化为旅游经营企业的内部成本；其二，针对旅游资源溢价问题，可以考虑建立完善的旅游资源市场体系，优化旅游资源评价制度，核算旅游资源的溢价。

综合以上分析，本书给出旅游循环经济的定义如下：旅游循环经济是以循环经济理论为指导，对具有公共品属性的旅游资源合理评价和开发，节约物质成本和旅游环境成本，实现环境保护和旅游可持续发展目标的发展模式。

5.2 旅游循环经济的实践及案例研究

本节对中国旅游循环经济发展实践进行研究，并以河南省清丰县顿丘农庄循环经济为例，分析旅游循环经济的现状和启示。

5.2.1 旅游循环经济发展的基本模式

5.2.1.1 政策—科技—环境模式

明庆忠和李庆雷（2007）认为，旅游循环经济模式主要包括旅游循环经济发展的规制、旅游循环经济发展的规划与实施、旅游循环经济发展的科技支撑、旅游循环经济发展的生态协调、旅游循环经济指标建立和企业认证、旅游循环经济发展的公众与社区参与六个部分。

旅游循环经济发展的政策—科技—环境模式是一种以科学技术为指导、以政策法规为支撑、以资源环境为依托的旅游经济发展模式。在规制方面，制定了激励机制和法律法规，为规范、调整和影响旅游经营主体的市场行为，确保旅游循环经济的发展有法可依、有章可循，推进旅游循环经济的健康可持续发展提供了保障。

在旅游循环经济的政策—科技—环境模式中，政策、科技和环境三者相互关联，共同推动旅游业的可持续发展。该模式的关键包括以下几个方面：

（1）政策支持。政府通过制定和实施相关政策，为旅游循环经济提供指导和保障。例如，《"十四五"旅游业发展规划》明确提出，以推动旅游业高质量发展为主题，以深化旅游业供给侧结构性改革为主线，注重需求侧管理，以改革创新为根本动力，以满足人民日益增长的美好生活需要为根本目的，坚持系统观念，统筹发展和安全、统筹保护和作用，立足构建新发展格局。政策还强调了优化旅游空间布局，构建科学保护利用体系，完善旅游产品供给体系，拓展大众旅游消费体系，建立现代旅游治理体系，完善旅游开放合作体系等。

（2）科技创新。科技创新在旅游循环经济中发挥着重要作用。通过推进智慧旅游发展，深化"互联网+旅游"，利用大数据、云计算、物联网、区块链及5G等新技术，提升旅游服务的便利度和安全性。科技创新还包括旅游资源保护与开发技术、旅游装备技术提升等，推动旅游业态、服务方式、消费模式和管理手段的创新提升。

（3）环境保护。旅游循环经济强调在保护和利用自然资源的基础上，推动生态旅游产品的发展。政策倡导在严格保护的基础上，合理利用自然生态资源，积极开发森林康养、生态观光、自然教育等生态旅游产品。环境保护还涉及旅游基础设施的绿色化和低碳化，如构建以新能源交通工具为主的旅游交通体系，推广绿色出行，减少旅游活动对自然环境的影响。

（4）政策引导科技。政策通过提供资金支持、税收优惠、研发补贴等措施，激励旅游企业和科研机构进行科技创新。例如，政策鼓励旅游企业参与政府采购和服务外包，支持旅游科技创新工程项目。

（5）科技支持政策实施。科技创新为政策目标的实现提供技术支持。例如，智慧旅游的发展需要依托先进的信息技术，提升旅游服务的智能化水平，推动旅游市场的治理和监管。

（6）环境反馈政策和科技。环境变化和挑战可以反馈到政策制定和科技创新中，促进政策的调整和科技的改进。例如，生态环境保护的需求推动了旅游装备技术的创新，促进了旅游设施的绿色化和低碳化。

（7）协同发展。政策、科技和环境三者之间需要相互协调和支持，形成良性循环。例如，政策制定需要考虑科技创新的潜力和需求，科技创新需要依托环境保护的需求，环境保护需要政策和科技的支持。

（8）公众参与。公众参与对于提高环境保护意识、促进科技创新和提高政策接受度至关重要。通过教育、媒体宣传和社区参与等方式提高公众对旅游循环经济的认识和参与度。

（9）国际合作。环境问题的全球性使国际合作在政策协调、技术交流和环境保护方面发挥着重要作用。通过国际协议、资金支持和技术转移等方式加强全球环境治理。

通过这种模式，可以更全面和系统地应对环境挑战，促进旅游业的长期健康发展。

5.2.1.2 推拉系统运行模式

推拉理论的起源可以追溯到 19 世纪，最早对人口迁移进行研究的学者是英国的雷文斯坦(E. G. Ravenstien)。他于 1885 年发表的一篇题为《人口迁移之规律》(*The Law of Migration*)的论文标志着推拉理论的形成。推拉理论是研究流动人口和移民的重要理论之一。西方古典推拉理论认为，劳动力迁移是由迁入与迁出地的工资差别所引起的。现代推拉理论认为，迁移的推拉因素除了更高的收入以外，还有更好的生活条件、更好的职业、为自己与孩子获得更好的受教育的机会以及更好的社会环境。

在循环经济的研究中，明庆忠和李庆雷(2007)将旅游循环经济发展的动力分为环保意识的觉醒等因素的推动与绿色市场需求等因素的拉动，两方面相互作用，共同组成了旅游循环经济发展的推拉系统运行模式。

旅游循环经济的推拉系统运行模式是一种综合性的策略，旨在通过各种内部推动(推力)和外部吸引(拉力)因素，促进旅游产业的可持续发展。以下是对该模式的详细分析。

(1)推动策略。①政策支持。政府通过制定政策，如《国内旅游提升计划(2023—2025 年)》，为旅游循环经济提供发展框架和支持措施。②科技创新。鼓励技术创新，如数字化转型、智慧旅游发展，以及在线旅游企业的规范发展，推动旅游产品和服务的创新。③人才培养。加强旅游从业人员的培训和职业技能提升，如举办导游大赛、饭店服务技能竞赛等，提高服务质量。

(2)吸引策略。①市场导向。以游客需求为中心，建立服务质量评价体系，培育旅游服务质量品牌，提升游客满意度和忠诚度。②产品和服务多样化。发展多样化的旅游产品和服务，如乡村旅游、文化旅游、生态旅游等，满足不同游客的需求。③环境友好。推动低碳旅游模式，如新能源交通体系、绿色出行等，吸引对环境保护有意识的游客。

(3)内部循环。①资源高效利用。通过优化资源配置和提高资源利用效率，实现旅游产业的循环发展。②产业链整合。整合旅游产业链上下游，形成联动效应，提升整体竞争力。

(4)外部循环。加强区域间的旅游合作，共享资源，形成更大范围的旅游循环系统。通过国际旅游交流和合作，引入先进的旅游发展经验和管理理念。

（5）运行机制。建立旅游市场数据监测和评估机制，及时了解市场动态，为政策制定提供依据。推行"首席质量官""标杆服务员"制度，建立健全旅游行业协会参与旅游服务质量工作机制。

（6）政策—科技—环境协同。政策制定需要考虑科技创新的潜力和需求，科技创新需要依托环境保护的需求，环境保护需要政策和科技的支持，形成协同发展。

（7）安全与保障。加强旅游安全监管，提高旅游突发事件应急处置能力，确保游客的旅游安全。

通过这种推拉系统运行模式，旅游循环经济能够在保障环境可持续的前提下，实现经济、社会和环境效益的最大化。

5.2.2　旅游循环经济产业组合发展模式

产业组合模式是一种以追求能量转化效率、更高物质利用率、更少废物排放甚至零排放为目标的企业地域分布形式。产业组合模式要根据物质在企业生产过程中的"输入—输出"形式，选择好组合企业，使组合企业之间形成生态工业的合作关系，使各系统与更大范围的自然生态系统相互协调，处于和谐状态。此外，产业组合模式还要求大幅度降低企业在生产过程中的废物排放，甚至达到零排放，从而实现资源的可持续利用和循环利用，提高资源的利用效率。产业组合发展模式规划和设计应依据生态学原理，把整个地区的所有企业视为一种类似于自然生态系统的封闭系统。这个封闭系统中的一个产业链环的任何副产品或"废物"，就变成了另一个产业链环中的投入原料和"营养物"。这样，该区域内各企业就可以形成一个相互依存、相互支持和利用、类似于生态食物链过程的生态共生系统。

旅游循环经济产业组合发展模式要求旅游行业利益相关者按照一定的规律，通过旅游企业间信息、物质和能量的整合，形成共生关系，做到系统内与系统外的生态平衡。旅游循环经济产业组合发展模式有以下四种模式。

5.2.2.1　农业、生态整合型旅游模式

农业、生态整合型旅游是一种新型农业生产经营形式，也是一种新型旅游活动项目，是在发展农业生产的基础上有机地附加了生态旅游观光功能的交叉性产业，是当今旅游新需求的必然产物。农业、生态整合型旅游是把农业、生态和旅游业结合起来，利用田园景观、农业生产活动、农村生态环境和农业生态经营模式，吸引游客前来观赏、品尝、习作、体验、健身、度假、购物的一种新型的旅游开发类型。因此，可以把农业生产与旅游业发展整合在一起，建立循环型农业

生态旅游。

与以往的旅游发展模式相比，农业、生态整合型旅游能够极大地提高资源利用效率。人们现在多居住在城市里面，对于农村的概念越来越模糊。人们根据返璞归真的理想，开创了生态农业旅游，并得到了很好的实施和推广，现在很多地区都有生态旅游景区，人们对生态农业旅游的热爱也不断增加。农业生产促进了旅游业的兴旺，旅游业又反过来带动农业的发展。农业与旅游业整合的循环发展是产业创新的体现，它不仅有助于优化调整旅游业结构，推进现代旅游业发展，还有助于完善都市旅游体系，促进城乡旅游一体化建设。

农业、生态整合型旅游模式不仅能够促进农业和旅游业的共同发展，还能实现生态环境的保护和可持续发展。农业、生态整合型旅游模式涉及以下几个方面：

(1)资源利用与保护。利用农业资源和自然景观，同时注重生态保护，避免对环境造成破坏。

(2)生态农业旅游。发展以生态农业为基础的旅游项目，如有机农场、生态果园、农业体验园等，提供农业观光和体验活动。

(3)乡村旅游。通过乡村旅游，游客可以直接参与农村生活，体验农耕文化，享受乡村的自然风光和宁静生活。

(4)环境教育。将旅游与环境教育相结合，通过生态旅游活动，提高游客的环保意识和生态保护知识。

(5)社区参与。鼓励当地社区居民参与旅游项目，分享旅游收益，增强社区的凝聚力和可持续发展能力。

(6)产品多样化。提供多样化的旅游产品和服务，如农业体验、生态教育、乡村休闲、健康养生等，满足不同游客的需求。

(7)品牌建设。通过品牌建设，提升农业旅游产品的知名度和市场竞争力，如绿色食品、有机农产品等。

(8)政策支持。政府通过政策引导和支持，为农业旅游提供发展环境，如税收优惠、资金补贴、技术支持等。

(9)技术创新。利用现代农业技术，提高农业生产效率和产品质量，同时减少对环境的影响。

(10)市场导向。根据市场需求，开发和优化农业旅游产品，提供个性化和差异化的服务。

(11)供应链管理。建立高效的供应链管理体系，确保农产品从生产到消费的各个环节都能实现生态和经济效益的最大化。

（12）可持续发展。强调旅游活动的可持续性，确保旅游发展不会对农业资源和生态环境造成长期负面影响。

（13）文化传承。保护和传承农业文化遗产，如传统农耕技术、乡村建筑、民俗文化等，增加旅游产品的文化内涵。

（14）国际合作。通过国际合作，引进先进的农业旅游发展经验和管理模式，提升本地农业旅游的国际竞争力。

（15）风险管理。建立风险管理机制，应对自然灾害、市场波动等不确定因素，保障农业旅游的稳定发展。

农业、生态整合型旅游模式通过整合农业资源和生态保护，不仅能够提升旅游产品的吸引力和竞争力，还能够促进农业和旅游业的可持续发展，实现经济、社会和环境的多赢。

5.2.2.2 工业、旅游联结型旅游模式

工业旅游是随着人们对旅游资源理解的拓展而产生的一种旅游新概念和产品新形式。工业旅游在发达国家由来已久，特别是一些大企业，利用自己的品牌效益吸引游客，同时也使自己的产品家喻户晓。整个工业旅游系统是由旅游和生产两个方面通过产品、资源集成的整体，充分体现了资源的循环利用。

工业、旅游联结型模式将工业生产过程、工厂风貌、工业文化等与旅游相结合，它不仅可以促进传统工业的转型升级，还能为旅游业增加新的元素和吸引力。工业、旅游联结型旅游模式涉及以下几个方面：

（1）工业遗产的保护与利用。将废弃的工厂、矿山或其他工业遗址转化为旅游景点，保护工业遗产的同时，为游客提供独特的观光体验。

（2）生产过程的透明化。允许游客参观生产线，了解产品的制造过程，增加产品的信任度和吸引力。

（3）工业博物馆与展览。建立工业博物馆，展示工业发展的历史、技术和文化，提供教育性与娱乐性相结合的体验。

（4）工业旅游与地方经济的结合。通过工业旅游带动当地经济发展，促进就业，增加地方收入。

（5）体验式旅游。提供互动体验，如 DIY 制作、模拟操作等，让游客亲身体验工业生产的乐趣。

（6）工业旅游与教育的结合。与学校合作，将工业旅游作为教育实践的一部分，增强学生的实践能力和创新意识。

（7）工业旅游产品的多样化。开发不同类型的工业旅游产品，如葡萄酒庄之旅、汽车工厂参观、高科技企业探秘等，满足不同游客的需求。

（8）工业旅游与文化创意产业的融合。结合工业元素与文化创意，开发工业设计产品、纪念品等，提升旅游产品的附加值。

（9）环境友好与可持续发展。在工业旅游发展过程中注重环境保护和可持续发展，确保工业旅游活动不对生态环境造成负面影响。

（10）政策支持与区域合作。政府提供政策支持和激励措施，促进工业旅游的发展，加强区域间的合作，形成工业旅游网络。

（11）品牌建设与市场营销。强化工业旅游的品牌建设，通过有效的市场营销策略，提升工业旅游地的知名度和吸引力。

（12）科技应用与智慧旅游。利用现代信息技术，如虚拟现实（VR）、增强现实（AR）等，提供更加生动和直观的工业旅游体验。

工业、旅游联结型旅游模式不仅能够丰富旅游产品，提升旅游体验，还能够促进工业的转型升级，实现经济、社会和环境的可持续发展。

5.2.2.3　旅游企业集群模式

尹贻梅等（2004）把旅游企业集群定义为：聚集在一定地域空间的旅游核心吸引物、旅游企业及旅游相关企业和部门，为了共同的目标，建立起紧密的联系，进行协作，提高竞争力。由此可见，旅游核心吸引物、旅游企业及旅游相关企业和部门为了共同的利益形成了一个价值链。通过这个价值链上的所有参与者的共同努力和协同发展，形成某种"一揽子旅游产品"。

旅游企业集群模式是指在特定地理区域内，旅游相关的企业、机构和服务提供者集中分布，形成相互联系和协作的网络结构。这种模式可以带来诸多经济和社会效益，以下是对旅游企业集群模式的详细分析：

（1）地理集中。旅游企业集群通常形成于具有特定旅游资源或文化特色的地区，企业在地理上的集中有助于共享资源和信息。

（2）专业化分工。集群内的企业往往在旅游产业链中扮演不同的角色，如酒店、旅行社、餐饮、交通等，形成专业化分工和互补合作。

（3）协同效应。企业之间通过合作，可以实现资源共享、风险分担和市场共拓，从而产生协同效应，提升整体竞争力。

（4）创新驱动。集群内的企业相互竞争和学习，促进了知识、技术和管理创新，推动旅游产品和服务的升级。

（5）品牌效应。旅游企业集群可以形成区域品牌，吸引更多游客，提升区域旅游的知名度和吸引力。

（6）政策支持。政府可以通过规划和政策引导，为旅游企业集群提供发展环境，如基础设施建设、税收优惠等。

(7)市场导向。集群内的企业更加贴近市场，能够快速响应游客需求变化，提供定制化和个性化服务。

(8)人才培养和交流。集群模式有利于旅游人才的培养和交流，提高整个集群的人力资源水平。

(9)供应链优化。集群内的企业可以构建高效的供应链体系，降低成本，提高服务质量。

(10)环境保护和可持续发展。集群模式强调在旅游发展中保护生态环境，实现经济、社会和环境的可持续发展。

(11)社区参与和利益共享。鼓励当地社区参与旅游企业集群的发展，确保旅游收益能够惠及当地居民。

(12)国际化和全球化。旅游企业集群可以加强与国际市场的联系，吸引国际游客和投资，提升国际竞争力。

(13)信息技术的应用。利用信息技术，如互联网、大数据等，提高集群内企业的运营效率和市场响应速度。

(14)危机管理。集群内的企业可以共同应对各种危机，如自然灾害、疫情等，减少对旅游业务的影响。

旅游企业集群模式通过促进企业间的合作与竞争，提高整个区域的旅游竞争力和吸引力，为游客提供更高质量的旅游体验，同时也带动了当地经济和社会的发展。

5.2.2.4 旅游业网络组织结构模式

网络结构是一种以合同为基础，依靠其他组织进行制造、分销、营销或其他关键业务的经营活动的组织结构，是目前流行的一种新型的组织设计。它使管理当局对于时尚、新技术，或者来自海外的低成本竞争能具有更大的适应性和应变能力。在网络型组织结构中，组织的大部分职能从组织外"购买"，这给管理者提供了较大的灵活性，使组织能够集中精力做它们最擅长的事，提高工作效率。网络结构同样适用于旅游业，在旅游业网络组织结构中，构成旅游业的各个企业将被视为具有专业知识的独立团队，这种团队由于旅游活动的复杂性和互动性而具开放性。

旅游业网络组织结构模式是一种基于网络的组织形式，它依赖于信息技术来协调不同地理位置的旅游企业、服务提供商和其他利益相关者之间的关系。旅游业网络组织结构模式涉及以下几个方面：

(1)信息技术的支撑。利用互联网、移动应用、在线预订系统等信息技术手段，实现旅游服务的在线预订、支付和客户服务。

(2)去中心化。网络组织结构通常没有单一的中心控制点,各个节点(企业或服务提供商)在网络中相对独立,但又相互依赖。

(3)灵活性和适应性。网络结构使旅游业能够快速适应市场变化,如需求波动、消费者偏好变化等。

(4)资源共享。网络中的成员可以共享资源,如客户信息、市场数据、营销渠道等,提高资源利用效率。

(5)合作伙伴关系。建立合作伙伴关系,通过战略联盟、合资企业等形式,实现互利共赢。

(6)供应链整合。通过网络组织结构,旅游供应链中的各个环节可以更紧密地整合,提高服务的连贯性和客户满意度。

(7)个性化服务。利用客户数据和偏好信息,提供定制化和个性化的旅游产品和服务。

(8)品牌联合。不同旅游品牌可以通过网络组织结构进行联合营销,扩大市场影响力。

(9)风险分散。网络结构有助于分散经营风险,因为网络中的企业可以相互支持,共同应对市场波动。

(10)创新促进。网络中的企业可以相互激发创新思维,快速采纳新技术和新业务模式。

(11)市场扩展。通过网络组织结构,旅游企业可以更容易地进入新市场,扩大业务范围。

(12)客户关系管理。利用网络技术进行客户关系管理,提高客户忠诚度和满意度。

(13)虚拟组织。在某些情况下,旅游网络组织可能表现为虚拟组织,成员通过网络平台进行协作,而无需物理上的集中。

(14)环境可持续性。网络组织结构有助于推动旅游业的环境可持续性,通过网络协作减少资源浪费和碳足迹。

旅游业网络组织结构模式通过信息技术连接不同的旅游服务提供者和消费者,形成一种灵活、高效、响应市场变化的组织形式,有助于提升整个行业的竞争力和服务质量。

5.2.3 中国旅游循环经济发展实践分析小结

旅游循环经济是旅游活动与循环经济结合的产物,是循环经济在旅游领域的体现。传统旅游线性发展模式虽然实现了数量型的增长,但是引发了日益严重的环境问题，旅游长期发展难以为继，促使人们反思传统发展模式的危害，进行旅游生产方式和发展模式的变革。可持续发展理论和循环经济理论为旅游发展指明了方向，旅游循环经济应运而生，这是实现旅游可持续发展、解决目前环境问题的重要发展模式，是未来旅游产业的发展方向。

从旅游循环经济研究来看，目前大多研究成果局限在区域或景区循环经济发展的实证研究和实践应用方面，而有关旅游循环经济理论研究较少。从旅游循环经济发展实践来看，大多处于一种摸索阶段，旅游循环经济模式的应用并不深入，有些仅仅是打着旅游循环经济的幌子，从事的旅游开发行为仍然是传统的发展模式。总体来说，中国旅游循环经济发展实践呈现以下特征：

(1)基础条件与创新制度。旅游循环经济的发展需要理论基础、科学技术、资金和基础设施等基础条件作为支撑。同时，创新制度是维持旅游循环经济有效运转的制度保障，包括法律创新、产权制度创新和激励制度创新。

(2)行为主体的作用。旅游循环经济的行为主体包括政府、旅游企业和社会各界。政府主要提供政策支持，旅游企业实践清洁生产，而消费者和社区居民则应提高环保意识，减轻对环境的压力。

(3)生态产业链延伸。循环经济延伸了传统的直线经济发展模式，组织成一个物质反复循环流动的过程。对于旅游业来说，延长了生态产业链，与相关产业形成协同发展的产业网络。

(4)环境与资源保护。注重旅游业环境的改善和旅游资源的保护是旅游业持续稳定发展的基础。通过利用高新技术优化系统结构，实现"资源—产品—消费—再生资源"的反馈式循环模式，促进环境和经济的共赢。

(5)"双循环"新发展格局。在构建以国内大循环为主体、国内国际双循环相互促进的新发展格局下，旅游业应积极发展入境消费市场，推进国际商务服务片区的建设，满足高质量文化和旅游消费需求。

同时，中国旅游循环经济发展实践在以下两个方面需要完善：

(1)区内与区外循环。目前大多数景区发展旅游循环经济局限在园区内的小循环，同园区外旅游主体的形成的大循环较少，重视区内循环，忽视区外循环，导致旅游循环的产业延伸不足。

(2)旅游环境成本考量。多数景区的循环经济模式一般按照食物链的发展规律，构建区域内的各种旅游物质要素的循环，对旅游活动的环境影响关注不够，即重视物质要素的循环，忽视旅游环境成本的考量。

虽然新冠疫情给旅游业带来了一定的影响，但是长期向好的发展趋势未变。国内游市场面临新的发展机遇，一部分出境游将被国内游取代，同时旅游业对外开放新格局逐步形成，旅游线路、项目及产品加快推陈出新，低碳旅游进一步推广。

5.2.4 案例研究：河南省清丰县顿丘农庄循环经济①

5.2.4.1 园区概况和发展历程

顿丘农庄属于河南省濮阳市金马生态农业观光区，"顿丘"一词源于清丰县唐朝之前的旧名，"农庄"寓意乡村特色，始建于2004年，占地面积近300亩，是濮阳市著名的集鲜果采摘、林下种养、生态观光、休闲文化于一体的综合性旅游胜地。该农庄田园风光浓郁、自然环境优雅、人文历史厚重、乡村风格突出、交通方便快捷，交通距离濮阳市约17千米，由大广高速到清丰出入口下约4千米即到，庄门左右两幅大字"寻梦乡村佳境、放飞绿色心情"。

经过多年的积累，园区不断发展。2007年园区举办首届冬枣采摘节，只有一种果品，未做任何宣传，入园人数总共几百人。2008年桑葚结果，餐厅试营业，入园人数也只有千人左右。2009年以来陆续新上垂钓、棋牌等项目，硬化、亮化、美化园区道路环境，十几种果品陆续进入采摘期。2010年全年入园人数一举突破万人大关。多年创业付出，终于得到回报。尽管园区在接待服务、道路硬化、休息住宿、娱乐项目、农家装饰等方面仍有不尽如人意之处，但终究得到了社会和旅游者的认可和赞赏。

2011年，通过招商引资、合作加盟启动中国孝道之乡——顿丘农庄休闲观光园区建设，在果树示范、林下散养柴鸡基地基础上，园区新建广西长寿之乡巴马野香猪基地、中原民俗特产展示一条街、婚纱摄影外景地、农家小院度假村、特种保健蔬菜基地、五星级车友之家等旅游景点。

5.2.4.2 园区主要旅游产品

（1）采摘类产品。按照时间维度，3月，桃花、杏花、梨花等各种果树次第开花，四季鲜果采摘逐渐拉开序幕，除去早春的大棚草莓，4月里就有果桑、红桃可供采摘。到5月、6月春夏之交，百亩枣花齐放，还有红紫酸甜的大粒果桑、美国大樱桃成熟。春末夏初的六七月，杏梅、油桃、水蜜桃开始采摘。入夏一直顺延到11月入冬，农庄根据季节果树品种依次举办苹果、葡萄、韩国新高梨、脆蜜枣、核桃、石榴、红将军苹果、甜柿、冬枣采摘节。加上冬春季的保健紫红薯、温室大棚草莓、蔬菜等，形成了四季采摘、三季有果的大型采摘园产

---

① 顿丘农庄是笔者参与的《河南省清丰县韩村乡生态农业旅游发展规划》（2011～2020）的重点发展项目。

品线。

(2)动物饲养类。主要有散养柴鸡、土鸡、贵妃鸡、犬、鸽子、金香猪、猴子、孔雀、兔子、山羊和小鸟等。农家乐有趣味斗狗、斗鸡比赛。

(3)餐饮类产品。农庄的特色生态餐厅追求三大特点：一是绿色食品。食品大部分是园内自产自销，保证品质、放心安全。二是食材新鲜。食材鲜活，均为现抓、现宰、现做。三是农家风格浓郁。时令野菜、杂粮皆成美味，间或有清丰大烩菜、热凉菜、壮馍等清丰地方名吃，别有一番风味；同时推出抓柴鸡、逮山羊、射野兔狩猎型滋补养生火锅宴。农庄做到了利用优势，延伸发挥，冬季火热，淡季不淡。

(4)休闲娱乐项目。农庄现有垂钓、棋牌、自助烧烤、吊床帐篷、百米花廊、民俗展、观景台、黄河故道环园漫步等休闲娱乐项目和设施，同时还能认养菜园、认养果树、认养宠物等。

(5)购物项目。农庄主要有常年供应的礼品装柴鸡蛋，按季供应的黑花生、紫红薯、纯红薯粉条、杂粮面和限量供应的救心菜、珍珠菜等保健特色菜，同时还有濮阳清丰县特产黑陶、麦秸画、布艺等工艺品，但是店面小、品种少、包装粗，须引起重视。

5.2.4.3 园区循环经济模式

顿丘农庄打造了真正意义的生态休闲、旅游观光、游、娱、购、餐、住配套，可持续发展带动周边新农村建设的现代农庄，搭起了一方拥有巨大潜力的发展平台。顿丘农庄建立循环立体经济、高效现代农业模式，生产的无公害、绿色环保、有机保健食品，已成为这里的无价品牌。

绿色食品对环境、生产程序的要求是苛刻的。要求周围没有大的城市集镇和工业企业，没有污染源，不仅对土壤施肥、病害防治等有标准，就连空气、水质等这些容易被人忽略的因素也被列入其中。顿丘农庄的土特产林下散养柴鸡、柴鸡蛋，生长周期长、成本高，但品质好、营养丰富。黄河故道沙质地、秸秆畜禽有机肥、沼气沼液喷洒使果树结出的冬枣等各类果品糖分高、脆、无渣、口感好。农庄不仅对食品有讲究，还利用自己得天独厚的条件，做起了创意农业、农家乐文化。推出营养黑色系列食品如黑花生、黑紫红薯、黑玉米、黑苹果，黑色食品具有保健养生功效，价格贵效益好，产生了良好的生态效益、经济效益和社会效益。

顿丘农庄通过大片果树覆盖来培育健康氧吧森林，地上河流、池塘绕园，空中蓝天白云，形成了区域性小气候，几十个种类的山野鸡、啄木鸟、野兔、刺猬等飞禽走兽形成了独有景观。

顿丘农庄迎合了城市人回归自然、返璞归真的愿望，为人们提供了领略大自然田园风光、远离喧嚣、舒缓压力、体验农耕生活的理想场所。

5.2.4.4 园区未来发展方向和趋势

顿丘农庄的近期规划目标：围绕打造濮阳一流生态农业观光园、创意农业园区、新农村示范园，采取合作加盟、招商引资、引进人才、滚动发展的方式。硬件方面，量力而行、分步实施地建设度假住宿设施，建设突出农家特色的餐厅、休闲观光亭、土特产工艺品专卖店，新上参与性强的娱乐项目和与农耕文化结合紧密的民俗生活用具展示项目等，在整体上强化乡村风格。软件方面，重在加强管理、提高服务意识和服务质量、做好营销策划。园区与旅游业结合，开展生态观光游、绿色旅游、美食旅游、孝道文化之乡感恩亲情游；与工业结合，进行农副产品深加工、精包装，开发保健养生食品；与科技创新结合，利用新技术、新工艺，打造高等院校的科技示范园；与新农村建设结合，走园区"基地+市场+农户"等先进模式，规模化、专业化、合作化、品牌化经营，拉长产供销产业链，带动和辐射周边乡村 2000 亩土地 1000 农户，流转入股，共同致富。

5.2.4.5 园区发展循环经济的启示

顿丘农庄早期循环经济主要局限在园区内部，构建旅游循环发展模式，产品领域局限在原产物的范围。园区内部形成了健全有效的产业链条，生产要素在内部流动，按照范围经济理论，园区实现了联合生产的形式，通过管理共享、生产要素共享、信息共享，极大地节约了成本，取得了一定的经济效益。

顿丘农庄从以下几个方面强化旅游循环经济涉及的领域和范围：

(1)加强顿丘农庄同区域外相关企业的合作，建立区域性旅游循环经济框架。通过企业合作、政府引导，统一调度，建立利益共享、信息共享的机制，加强上下游产业联系，延伸产业链条，形成区域内的旅游循环经济。

(2)深化旅游循环经济发展方式，实现区域可持续发展。对原产物深加工，推行"公司+农户"的模式，鼓励企业吸纳当地居民就业和参股，以企业的发展带动农民致富，建立长期合作机制，实现区域旅游经济的可持续发展。

5.3 旅游循环经济运行框架的构建

按照上文关于旅游循环经济理论基础的研究，本节从宏观、中观、微观角度，探讨建立合理、有效、规范的旅游循环经济发展模式。

5.3.1 宏观角度——建立旅游循环经济的制度保证

政府对旅游循环经济进行宏观调控和管理有其合理性和必要性。一方面，由于旅游资源具有外部性和公共物品属性，并且人们对旅游资源估价偏低，完全依靠市场调节存在市场失灵的可能性，必须加强政府宏观调控以弥补市场机制的不足。另一方面，旅游活动造成的环境影响和环境成本具有负外部性特征，实现旅游环境成本内生化需要相关管理部门建立合理的成本核算制度，实现外部影响内生化为企业的决策因素。政府可以考虑从以下几个方面建立宏观的旅游循环经济体系：

（1）取消旅游资源的无偿使用制度，建立合理的旅游资源交易市场和价值评估体系。由于理论研究的滞后和现实中传统观念的束缚，旅游资源无价或低价的局面长期存在，旅游企业获得旅游资源往往不付代价或者支付象征性的费用，具有公共物品属性的旅游资源被私人利用导致私人成本大于社会成本，私人收益小于社会收益，旅游资源配置结果偏离社会最优配置，带来社会福利损失。要从根本上改变这种局面，需要从根本源头着手，取消旅游资源无偿使用制度，旅游经营者不但应该为环境破坏负责，还要为使用资源付费。

（2）制定切实可行的经济政策。各级政府要加大财政支持的力度，采用各种措施鼓励旅游企业发展循环经济，包括税收优惠、价格补贴、技术研究投入等，建立鼓励旅游企业发展循环经济的机制，必要的时候可以采用政策倾斜的措施。

（3）建立完善的法律法规体系。中国旅游循环经济的发展处于初级阶段，相关的法律法规制度建设滞后，需要建立鼓励竞争、有效利用资源的制度，对破坏环境的开发行为进行制裁，发挥法律体系对旅游循环经济的推动作用。

（4）加强旅游规划的管理和研究。旅游规划是旅游发展的蓝图，科学的旅游发展规划可以遏制旅游企业盲目的开发行为和重复建设，减少短期行为的影响，避免一些不可持续发展的行为。在旅游开发运营过程中，开发者在追求经济效益的同时，也要关注环境效益和社会效应。政府需要建立涵盖所有旅游相关主体的规划制度，充分考虑所有参与主体，尤其是市场弱势群体的利益，重视环境保护，将环境保护工作真正落到实处，为旅游可持续发展和循环经济创建良好的制度环境和指导方针。

5.3.2 中观角度——区域旅游循环体系的建立

旅游业的综合性决定了发展旅游循环经济需要和其他产业部门建立耦合关系，如农业、渔业、制造业、建筑业等领域。中国目前的旅游循环经济发展实践大多是局限在景区内部，同外部合作建立区域循环经济体系的案例不多。可以考虑从以下几个方面建立中观层次的旅游循环经济体系。

(1)建立运作状况良好、健全合理的旅游行业协会。旅游行业协会的功能包括提供旅游信息、协调行业行为、规范市场行为、避免不必要的恶性竞争等。中国目前旅游行业协会的发展相对落后，已有的行业协会没有充分发挥应有的功能，旅游企业间缺乏协调和沟通机制，造成重复建设和产品趋同化、旅游资源被浪费。因此，必须建立全国性的旅游行业协会，充分发挥行业协会提供信息、规范企业行为的功能。

(2)加强旅游行业同相关行业的联系，建立旅游行业外的循环经济体系。旅游业是综合性产业，与很多产业有直接或间接的联系，发展旅游循环经济需要按照产业链和食物链的原理，实现旅游产业同相关产业的耦合关系，形成生产者企业、消费者企业、分解者企业，形成代谢和共生关系，建立区域旅游循环经济体系。

(3)加强旅游企业间的联系和合作，建立旅游行业内的循环经济体系。除了要建立旅游产业同相关产业的区域旅游循环经济体系外，旅游产业内部也要建立循环经济体系。如北京蟹岛度假村以农业生产为依托，发展观光休闲农业，建立资源高效利用的产业循环链条，构建了集种植、养殖、旅游、度假和休闲为一体的循环经济发展模式。

5.3.3 微观角度——旅游循环经济微观个体的建立

从微观角度分析，旅游循环经济体系的主要包括两方面，一是旅游企业作为供给主体，二是旅游者作为消费主体。微观层次旅游循环经济体系的构建也从这两方面着手。

(1)微观供给主体——旅游循环经济创新主体的建立。旅游业是综合性行业，发展旅游循环经济需要大量的具有节能技术和创新能力的企业参与。酒店、景区和旅游交通部门是采用新技术的主要领域，因此，进行技术创新和采用节能环保技术就是这些微观供给主体创新的必要条件。

根据前文的分析，现实中旅游资源的部分功能是免费提供给旅游经营企业使用的，旅游资源的经济价值总额实际上远大于现实中对于旅游资源的估算价值，必须考虑其发展的环境成本和机会成本，旅游资源环境作为旅游生产要素，其价值理应在旅游实践中体现出来。发展旅游循环经济的企业需要得到国家的政策支持，通过制度设计，得到环境保护的收益，如采用俱乐部物品模型的政策。

(2)微观需求主体——旅游者观念变革。除了旅游经营者不合理的开发行为会对旅游生态造成不利影响外，旅游者不文明的旅游和消费行为也极大地增加了环境负荷，如大量生活垃圾造成了严重的影响。可以通过各种形式的宣传，向旅游者和社区居民宣传并普及旅游循环经济的知识，使广大的旅游消费群体意识到发展旅游循环经济的重要意义和实际价值，培养旅游者良好的消费习惯和旅游行为。旅游者和社区居民对发展旅游循环经济的计划有知情权，让普通民众参与到旅游循环经济计划中去。在这方面，政府也要率先垂范，做绿色消费的表率，减少一些不必要的行政开支，降低政府行为对环境的影响，形成全社会发展旅游循环经济的理念，把自上而下的行为转化为自觉的行为，从而为旅游循环经济的发展奠定良好的市场微观基础。

5.4　本章小结

本章从传统线性旅游发展模式引发的环境问题出发，分析了可持续发展的要求和循环经济的发展，通过对旅游活动特性的分析，认为推行循环经济是旅游产业发展的必然选择，两者具有一定的耦合性。同时，通过对旅游循环经济理论基础的分析，综合相关学科的研究成果，提出旅游循环经济的定义和内涵。此外，本章对中国旅游循环经济发展实践进行研究，指出了旅游循环经济发展中的一些问题，并以河南省清丰县顿丘农庄为例，分析了旅游循环经济的发展方向和趋势。基于相关理论的分析和旅游循环经济发展实践的研究，建立了微观、中观、宏观层次的旅游循环经济体系和制度。

6 旅游代际公平问题研究

传统线性发展模式引发了环境问题，其理论根源在于旅游资源价值被低估，旅游资源无价或低价局面长期存在，旅游环境成本没有实现内生化，导致旅游市场均衡偏离社会最优均衡，造成社会福利损失和环境破坏，损害了后代人满足其旅游需求的能力。现实根源在于目前旅游发展实践过于注重短期利益、过度开发旅游资源、偏重经济效益、忽视环境效益和社会效益，忽略了一个基本事实，即旅游资源是属于各代人共有的资源，任何一代人仅有使用权，没有所有权，需要保持旅游资源完好的状态并留给后代人。

本章主要分析旅游代际悖论的成因、解决方案即双重有区别的旅游资源管理模式、政策建议等。本章主要内容包括：可持续发展理论中的代际公平问题、代际问题在理论和现实中的悖论、代际悖论解决的途径探讨——旅游资源双重管理模式、代际悖论解决的政策建议。

6.1 可持续发展理论中的代际公平问题

可持续发展不但要实现代内公平，同时也强调当代人不应以损坏后代人满足其需求的能力为代价来满足当代人的需求，实现代际之间的公平。代际公平问题是可持续发展的核心问题，本节作为本章研究的基础，必须明确代际及代际公平的概念。

6.1.1 代际及代际公平的概念

"代际"最初是一个社会学名词，泛指人类各代之间由于生理、心理、角色、经历等因素的不同所导致的各代人之间的人际的关系，主要是相邻的两代人之间的人际关系。社会学代际的标准按照人类种群繁衍的规律，一般代际时间间隔为20年。可持续发展经济理论中的"代际"主要用于研究自然资源在各代人之间的配置问题，通过自然资源在代际间的最优配置，实现代际公平和代际间效用最大化，实现各代人的可持续发展。

关于公平主要有四种观点。①市场主导的观点主张依据"看不见的手"原理来配置资源,通过价格机制,按照各种生产要素的边际贡献分配生产成果,分配后剩余为零。按照市场主导的观点,各种生产要素按照贡献大小获得报酬和补偿是公平的①。②功利主义的观点主张,每一社会成员效用权数在社会福利函数中相等,追求社会总效应最大化。③罗尔斯主义的公平认为,资源的完全平均分配可能会降低效率高的人们努力工作的激励,同时关注社会中最低群体的效用和境况改善,最公平的资源配置要实现最底层群体的效用最大化。④平均主义的观点要求资源的平均配置,社会成员无论地位、效率高低、身份等因素的差别,平均分配资源和产品。

按照笔者对可持续发展理论中代际及代际公平的理解,通过对上述四种有关公平观点的分析对比,代际公平主张的"公平"更倾向于罗尔斯的公平主义。市场主导的观点主张通过市场自由竞争,运用价格机制引导资源配置,各种生产要素分别按照其边际贡献获得报酬。但是自然资源作为基本生产要素没有明确的所有者,也没有组织和机构代表其利益获得收益分配,如果单纯按照市场主导的观点,其分配过程仅局限在初次分配领域,无法通过再分配调节收入对自然资源进行补偿,进而实现公平的目标,必将造成自然资源破坏的现实,无法实现可持续发展的目标。功利主义的观点追求社会总效应最大化,这一点是正确的,但主张每一社会成员效用权数在社会福利函数中相等,忽视个体差别,可能会对按照生产效率分配的激励机制造成损害。平均主义的观点要求资源的绝对平均配置,是一种理想状态的平均主义,在资源稀缺的背景下无法实现。罗尔斯主义的公平关注社会低收入群体境况的改善,也不排斥按照效率分配生产成果这一初次分配领域的激励机制,而是主张通过再分配领域,高收入地区或群体的部分收益向低收入地区或群体转移,缩小贫富差距,实现公平目标。

在旅游经济发展过程中也可以看到罗尔斯公平主义存在的可能性和现实性。在目前的旅游发展实践中,旅游参与的主体包括政府及其主管部门、开发商、旅游者、目的地原居民等群体。作为旅游需求主体,旅游者不参与旅游生产成果的分配,而是通过付出一点的资金和时间来换取旅游经历,强调的是精神享受,经济功能淡化,因此,在分析旅游成果分配的时候不考虑旅游者这一需求主体。在旅游开发和经营实践中,政府及其主管部门、开发商由于资金、权利、信息、地位等方面处于天然的优势地位,在旅游成果分配中获得了大部分份额。与此形成鲜明对比的是,目的地原居民处于弱势群体的地位,由于他们教育、资金、信

---

① 自然资源和人力资源是生产过程的基本要素,两者都对生产过程做出了贡献,按照市场主导的观点,人力资源由于主体的存在获得了报酬和补偿。但是由于自然资源的代表主体不存在,现实中自然资源往往没有得到补偿和报酬,导致了对自然资源的掠夺性开发,引发各种不可持续发展的现象。

息、经济发展等方面的劣势，在面对旅游规划决策这类直接影响其生存命运的问题时没有发言权，在旅游经营活动中参与旅游活动也仅局限于低层次的领域，很少或很难涉足旅游管理层和决策层，直接决定了其在旅游成果分配中只能获得极小部分份额，这同目的地原居民作为旅游资源重要组成部分的地位严重不符，直接影响到他们的旅游积极性。基于罗尔斯公平主义的主张，旅游目的地原居民作为人文旅游资源的载体，理应获得足够的补偿。作为旅游开发的主要受益主体，政府和旅游开发商可以把旅游开发的成果部分给予原居民以补偿。

在旅游开发实践中，旅游扶贫征地补偿是一种可操作的方式，也是罗尔斯公平主义的一种实践应用。旅游扶贫征地补偿标准是按照土地补偿费用的前三年产值来进行的，依据土地类型、土地年产值、土地区位登记、农用地等级、人均耕地数量、土地供求关系、当地经济发展水平和城镇居民最低生活水平保障等因素，再依据片区划分用于征地补偿综合计算的标准。拆迁补偿标准的调整由市县人民政府公布。

在现实生活中，旅游扶贫征收土地也需要进行补偿，这个补偿需要根据土地的类型和它的产值，以及登记的位置和耕地的数量来进行考量，综合这些因素，得出最后一个征收土地补偿标准，当然还是需要这些规定出现在当地的征地补偿安置方案当中。

在传统经济学分析框架中，会涉及一些长期决策问题，如基于生命周期理论对跨期决策问题的研究[①]，这些跨期决策问题涉及资源在不同时期的配置，以实现长期收益最大化。这些研究具有代际的萌芽和一些特征，但是基于以下两点决定了其与可持续发展经济学的代际问题有本质区别：一是宏观经济学的跨期研究不涉及自然资源的跨期配置；二是跨期决策的主体是同一个体，研究资源在同一主体跨期的分配。可持续发展经济学领域内的代际问题研究自然资源在各代人之间的配置，当地人和后代人是不同的利益主体。因此，代际问题与宏观经济学领域的跨期决策问题既有联系也有区别。

6.1.2 代际公平问题是可持续发展的核心问题

可持续发展强调当代人不应以损坏后代人满足其需求的能力为代价来满足当代人的需求，实现代际之间的公平。代际公平问题是可持续发展的核心问题，从对可持续发展的原则进行分析可以得出这一结论。

可持续发展的公平性原则同时要求实现代内公平和代际公平，维系人类种群

---

① 戴维罗默. 高级宏观经济学[M]. 王根蓓，译. 上海：上海财经大学出版社，2003：284-290.

的延续。可持续性原则强调的是人类和资源环境的永续存在，要求在自然资源和环境的承载能力的范围内发展经济，自然生态系统的自动回复反馈功能能够使其恢复到稳定的平衡状态，只有这样才能保证自然资源环境的永续存在，为后代人留下用于满足其需求的资源存量，实现代际之间的公平。共同性原则强调的是当代人和后代人的目标是共同的，可持续发展是其共同的要求，按照可持续发展的目标和原则约束自己的行为并采取一致的行动，实现人类社会和自然之间的和谐共生互惠的关系。

6.2　代际问题——理论和现实的冲突和悖论

本节基于有关学者对于代际概念和代际公平的理论和实证研究，结合代际问题在现实中的表现，从理论和实践两方面分析代际在应用中的困境和悖论。

6.2.1　理论上的存在和离散变量的特征

代际在理论上来源于社会学，代际标准①的选定主要是基于人类的自然演化规律，当然也不排除一些经济因素和社会因素的影响，如教育状况、收入水平、社会传统等因素，但主要是自然规律起制约作用，代际的标准在社会学领域内是基本明确的。

可持续发展经济理论中的"代际"的出现主要是基于环境污染和生态质量恶化的现实，引发了人们对传统经济发展模式的思考。从工业革命以后，当代人和以前的各代人在进行经济决策和发展规划涉及长期重大影响的战略选择时，往往受制于传统线性经济发展模式的影响，关注经济发展方面的指标如投资、就业、收入等变量，对社会指标和生态指标关注度不足甚至完全忽视，这就造成了当代人占有和消耗了大部分自然资源，对自然资源利用的强度和广度到达了前所未有的高度。按照这个逻辑分析，其实人们今天所面临的环境问题是工业化革命以来，世界各国尤其是西方发达国家片面追求经济发展的结果，同时也是各个时期环境问题累积的结果，在某些领域表现更为严重，如果继续发展下去，必将影响到人类的生存。现在环境问题已经引起了世界各国的重视，各国积极转变经济增长方式，实现可持续发展。从代际问题产生的渊源来看，代际问题在理论上考虑了各代人在自然资源利用上的累积效应，强调代际之间的影响，是一个客观存在

---

① 在全球性环境质量恶化的背景下，基于环境生态系统的复杂性，环境问题在各地有不同的表现形式，主要呈现区域性特征。环境问题除了在空间维度上有所表现之外，在时间维度上也有影响，主要表现在环境污染的累积效应，即代际外部性问题，这就决定了代际标准无法统一。

的范畴，理论上呈现离散变量的特征。

可持续发展经济理论中的"代际"主要用于研究自然资源在各代人之间的配置问题。综合已有的研究成果来看，代际的理论研究并没有解决代际的确定问题，而只是承认了代际问题的存在和各代人环境影响的累积效应。李巍等(1996)按照阿罗不可能性定理，从纯理论角度建立了代际问题的决策框架。张丰(2002)从经济学角度分析了代际公平的含义，指出代际公平要求对不断消耗的自然资源用其他形式的资源进行替代，以保证后代人能够获得至少不下降的福利水平。高峰和廖小平(2004)主张代内要公平与效率兼顾，代际之间公平要优先于效率。宋旭光(2003)主张通过修订的"帕累托改进"原则来判断代际之间的公平。赵新宇(2008)研究了不可再生资源利用中的负外部性问题，对传统经济学外部性理论从时间维度上进行拓展，分析了传统的外部性问题解决方案的不足。张勇和阮平南(2005)基于国民经济的角度，从理论上建立了代际公平的判别模型。罗丽艳(2009)认为自然资源要在代偿水平和剩余水平上参与分配，自然资源参与代偿水平层次的分配有利于公平，参与剩余层次的分配有利于经济效率。洪开荣(2006)比较了传统消费观和可持续消费观的区别，以代际公平原则为基础，建立了代际之间的可持续消费的博弈模型。

总体来说，可持续发展理论的代际研究从理论上承认代际问题的存在，但在代际如何确定这一核心问题上基本没有涉及，代际标准无法确定，代际的进一步研究就失去了基础。笔者认为，既然代际的标准无法确定且确定方法存在障碍，可以考虑一些变通的方法来研究代际问题的解决方案。基于这一思路，本书探讨一种替代方案，双重有区别的旅游资源管理模式。

6.2.2　实践上的模糊和连续变量的特征

由于环境问题的复杂性，环境问题虽然是全球性问题，但更多的呈现区域性特征，环境问题不能一概而论，从这个思路出发，代际的确定没有统一的标准。

有关学者对代际及代际公平的实证研究大多集中于一些具体实例的分析，研究具体地区代际公平的测度问题和代际问题的现状及对策建议，但是从根本上说，这些研究都没有能够回答一个基本的问题，即代际标准的确定，存在着代际衡量和评价基准不统一的问题。一些实证研究主要是基于区域或者具体问题的特征，选取的代际标准不统一，主要是根据研究的方便分别选取了不同的代际标准。

各种环境问题的差异性导致累积影响差别很大，在空间和时间维度上有不同的侧重，有的环境问题主要是在空间维度上表现明显，表现为代内外部性，有的在时间维度上表现明显，表现为代际外部性，呈现出复杂的形式。从代际问题的表现来看，代际问题主要表现为环境问题的累积效应，即代际外部性。由于上述原因，代际在现实中的标准无法确定，也没有必要确定。因此，代际虽然在理论上是清晰存在的，但是，在实践中代际问题却呈现模糊的特征，并且实证和理论都没有解决代际标准这一核心问题。

6.2.3 个体到总体与总体到个体——代际的冲突与悖论

由于在理论和实践中都没有解决代际标准这一分析基础问题，呈现冲突的状态，本节从两个角度论证代际的悖论问题，即从社会个体到社会总体、从社会总体到社会个体两个演化过程来分析。

第一，从社会个体到社会总体层面分析。从人类的单一个体来看，代际的概念是相对明确的，每一个体都处于代际长河中的一个阶段，三种角色集中于每一个体身上，个体是上代人自然资源财富的继承者，也是自然资源的现实使用者，同时也是后代人自然资源资产的保管者，并存续有限的时期。不仅如此，每一个体同上代人和下代人共同存续一段时期，图6-1的阴影部分代表共同存续时期，表明这样一个基本事实，代际的划分并没有严格的分界点，代与代之间的区分并不严格清晰。

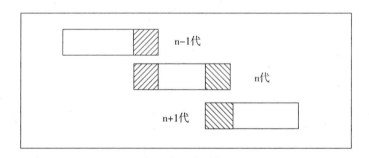

图6-1　社会个体代际交叠的简单图示

随着个体数量的增多，代际交叠的时间间隔越短，数量越多，导致的结果是代际之间的分界点逐渐模糊，代际的概念让位于社会总体的连续性演进，存在连续变量的特征。

在传统经济学分析跨期决策问题时也涉及一些代际分析的内容，如考虑两时期消费模型，这些模型过于简化，并忽视了代际交叠的事实。因此，通过上面的分析可以得出一个结论，从个体到社会总体的过程中，代际的概念由清晰变得模糊，呈现冲突的状态。

第二，从社会总体到社会个体层面分析。从个体决策和社会总体决策来看，对于个体来说，由于有限存续时间这一因素的制约，在考虑代际利益分配时，出于利己动机的需要，不可避免地忽视后代人的利益，但是对于社会来说，对于人类总体来说，这一观点未必正确。社会和人类总体是永续存在的，代际之间利益分配的一些原则和前提条件在这里会弱化。因此，代际之间利益的分配可以考虑从社会角度分析，建立社会长效机制，如建立永续存在的基金制度，确保基金的使用领域和方向，保证基金用于环境保护和生态恢复，维护和优化环境资本存量，为后代人留下不少于前代人留下的环境资源，实现代际之间的公平。

综合上述两个层面的分析，可以得出一个结论：代际概念在社会个体和社会总体层面是不一致的，在个体层面代际是清晰的，在社会总体层面是模糊的，社会和个体在代际问题上的决策也不一致。

综合本节的研究内容可以得出代际问题在两个方面存在着矛盾，理论层面的清晰和实践层面的模糊之间的矛盾，社会个体和社会总体层面的矛盾，导致代际悖论的出现。本书尝试提出一种替代的解决方案。

从旅游经济发展来看，代际问题同样存在，并且也呈现一种悖论的状态。现实旅游发展过于注重短期利益、过度开发旅游资源，关注经济效益的实现，忽视环境效益和社会效益，引发了代际公平问题。旅游资源应该是属于各代人共有的资源，任何一代人仅有使用权，没有所有权，并且需要保持旅游资源完好的状态留给后代人。

6.3　代际悖论解决的途径探讨——旅游资源双重管理模式

本节主要从代际悖论出发，结合旅游活动领域的特殊表现，探讨代际悖论的替代解决方案，提出双重有区别的旅游资源管理模式。

6.3.1　旅游资源双重管理模式的基础研究

旅游资源由于其在旅游活动中利用的特征，在分类上具备了双重属性，这是分析旅游资源双重管理模式的基础。

6.3.1.1　旅游资源的双重属性分析

旅游活动是高度资源依托型的活动，旅游资源在旅游生产函数中是长期使用的固定资产。自然旅游资源的大部分类型如森林景观属于可再生旅游资源，但是根据旅游经营活动的特殊性和旅游资源的利用情况，自然旅游资源呈现不可再生资源的特征，这是一种对旅游资源的长期依赖。因此，自然旅游资源从分类来看呈现双重特征，调节手段应该同时考虑可再生资源和不可再生资源的管理模式。

6.3.1.2 旅游资源使用情况分析

旅游活动是资源依托型的活动，必须依靠旅游资源才能为旅游者提供高质量的旅游服务，同时旅游活动对旅游资源是长期利用的而不是用于消耗。因此，对旅游经营者有意义的并不是旅游资源的价值[①]，而是其能够为旅游者提供服务的能力，如旅游资源所具有的游憩和观赏功能，这些功能的综合表现就是一定时期内旅游资源所具有环境容量。通过保持旅游环境容量在长期内不发生大的改变，以保证旅游环境质量不恶化，为旅游可持续发展提供长期的基础。

6.3.2 旅游资源双重管理模式的基本框架

通过对旅游资源双重属性和利用情况的分析，从中找出基本的规律，为旅游资源双重管理模式奠定了理论基础。本节从使用价值管理和价值管理两个方面研究旅游资源双重管理模式的基本框架。

6.3.2.1 旅游资源使用价值管理

现实中，对未来人的利益的考察一般采用正的贴现率，认为未来人的利益是遥远的和不确定的，这个观点对于一些价值变量是可以解释的，如未来人的收入、消费和支出等经济变量。但是对于未来人的一些利益要素如健康、生命等社会伦理因素和旅游需求的满足而言就不一定合理，不能因为尊重当代人的旅游需求的满足而认为后代人的这些属性不重要。因此，使用贴现率政策对代际之间的利益进行比较具有一定的局限性，可以考虑采用使用价值管理来解决这一问题。

具体措施：可以考虑流量控制，按照年度旅游环境容量所能提供的接待量以及所能实现的经济效益为依据，计算旅游环境成本，计入旅游经营企业的成本范畴，并使之用于环境保护，而不仅仅只考虑经营期结束时间点的环境容量。在经营期初和经营期末、年初与年末分别计算环境容量，如果两者差值为负值，就代表环境质量恶化，两者差值为正值，就代表环境质量改观。以此研究为基础，可以考虑建立旅游环境容量监控制度，建立环境监测预警机制，及时监控环境质量的变化，便于及时采取措施处理环境问题，反映旅游活动的环境影响，做到防患于未然，实现旅游活动的可持续性。

6.3.2.2 旅游资源价值管理

旅游经营活动正常运营除了需要旅游资源这个核心生产要素之外，还必须投

---

① 提出这一观点并不代表对旅游资源价值的忽视，相反却是强调对旅游资源使用价值的严格管理，保持旅游资源及其价值在长期内能够以良好的状态存在，为旅游可持续发展奠定基础。

入一定的资金用于其他旅游生产要素，如用于旅游基础设施、服务设施、景区改造、景区日常运营等方面的资金需求，因此对其进行价值管理就有必要性。对于旅游资源价值的管理可以借鉴其他领域有关价值管理的方法和手段，有比较成熟的管理方法可供采用，如贴现率、投资核算等。

除了要按照一般价值管理的方式对旅游资源进行管理外，还要注意以下几点要求：①旅游环境成本要实现内生化，成为企业成本的有机组成部分。②旅游环境成本分为资源使用成本和环境保护治理成本。前者可以考虑按照旅游环境容量进行流量控制和存量控制，旅游经营者依托旅游资源获取经济效益，应该为使用旅游资源容量付费；后者是用于旅游环境恢复的成本，对造成旅游环境破坏的经营者和旅游者收费，用于环境治理。③当旅游资源价值和使用价值管理的指标出现相互矛盾的结论，应以旅游资源使用价值管理的指标为准，因为该指标反映了旅游活动对环境的影响，直接决定了旅游经济效益的实现，是根本性的指标和评价标准。

6.3.3　旅游资源产权与双重管理模式

从产权经济学分析，产权不清晰会导致对资源的破坏性开发，如出现公地悲剧的情况，导致公有资源完全丧失其效能。在旅游经济领域，旅游资源产权不清晰除了在代内有所表现之外，更多表现在代际间产权的模糊。因此，旅游开发注重短期效益，忽视环境效益和社会效益，对后代人满足其旅游需求的能力产生不利影响。

6.3.3.1　使用权与双重管理模式

从旅游资源使用权分析，各代人都应该拥有使用权，都有利用旅游资源满足其旅游需求的权力，也都担负着保护旅游资源、维持生态系统良好状态的义务，应该留给后代人环境质量至少不恶化的旅游生态系统。

由于代际悖论的影响，现实中代际是模糊的，上述论断仅有指导意义。实践中可以考虑对每一具体承包期内的旅游资源进行管理。在旅游资源承包期内对旅游环境容量和生态系统质量进行监控，及时发现旅游活动对生态系统的影响，采取措施，防患于未然。通过对每一承包期进行环境管理，实际上也就实现了旅游资源的长期可持续利用，满足了代际公平的要求。

6.3.3.2　所有权与双重管理模式

从旅游资源所有权分析，旅游资源没有明确的所有者，国家和政府也不能凭借其强权成为旅游资源的所有者，因为旅游资源和生态系统是大自然的产物，是属于所有各代人共有的财富，所有权理应属于各代人。现实中旅游资源所有者缺位带来一系列的问题，如对旅游资源不合理的开发，忽视环境保护，对旅游活动产生的环境成本没有实现内生化等，影响到旅游可持续发展的实现。

由于代际悖论的存在，代际管理是虚幻的，需要采取一定的替代措施来维持旅游资源的长期存在，使旅游资源保有良好的状态。国家作为代表全体国民的组织，可以承担起对旅游资源管理的义务，代表行使所有权者的职能，主要关注的不是经济效益，而是长期的生态效益和社会效益，至于环境保护的资金来源可以考虑从旅游经营者手中收取，同时需要接受有效的监督，避免利己动机的决策行为损害后代人利益，实现旅游的可持续发展。

上述分析只是旅游资源双重管理的基本框架和大致思路，理论和实践的深化尚需进一步的加强，这也是后续研究的主要工作和内容。

6.4 解决代际悖论的政策建议

基于上述对代际悖论的分析和旅游资源双重管理模式的探索，本节提出相关的政策建议。

旅游资源使用价值管理的政策建议主要有以下几个方面：

第一，建立旅游环境容量监控制度和环境质量监测制度。通过对旅游环境容量和环境质量的实时监控，及时发现旅游发展对环境的影响，有利于提前采取行动，避免环境质量进一步恶化。

第二，建立定期评价制度。鉴于环境问题的累积影响，有些环境问题的出现是日积月累的结果，因此通过对一些环境指标的定期监控，比较两个时期的变化，既便于分析环境演化的方向，也便于考核旅游经营者的环境业绩，根绝评价结果，采取一定的激励和惩罚措施。

第三，合理规划，加强旅游规划的管理和研究，避免破坏性开发行为。旅游规划是旅游发展的基础，科学的旅游发展规划可以遏制旅游企业盲目的开发行为和重复建设，避免一些不可持续发展的行为。

第四，加强旅游企业日常运营管理，避免超负荷运营。旅游企业在日常经营活动中要时刻注意环境保护，尤其是在旅游旺季采取旅游者分流措施，降低大量集中的旅游者对环境质量的剧烈影响。

第五，规范旅游者行为。向旅游者宣传旅游环境保护的重要性，倡导文明旅游，改变不良旅游习惯，自觉成为旅游环境保护的一部分。

旅游资源价值管理的政策建议主要有以下几个方面：

第一，建立完善的旅游资源价值评估体系。应加强旅游资源价值评价的研究，建立普遍适用的评价体系，为旅游资源市场的建立奠定基础。

第二，取消旅游资源的无偿使用制度，建立完善的旅游资源市场体系。应取消旅游资源无偿使用制度，旅游经营者应为使用资源付费，建立完善的旅游资源市场体系。

第三，建立涵盖旅游环境成本的核算体系，合理核算旅游活动引发的环境成本。可以考虑按照旅游环境容量进行流量控制和存量控制。

第四，实现旅游环境成本内生化。旅游经营者仅承担其实际支付的成本，大量外部性旅游环境成本出现，没有纳入旅游决策框架，由社会和其他个体承担旅游活动的外部成本，导致旅游市场均衡偏离社会最优均衡，造成福利损失，因此实现旅游环境成本内生化有利于改变这种不合理的状况。

6.5   本章小结

本章研究了旅游代际公平问题，首先分析了代际问题同可持续发展的关系，指出代际公平是可持续发展问题的核心。其次从代际问题的理论和实践研究出发，分析了代际问题在理论和实践中的表现，指出代际在理论上的清晰和实践上的模糊、社会个体和社会总体层面上都存在矛盾状态，呈现代际悖论。再次基于旅游资源双重属性和旅游资源的使用特征，提出了解决代际悖论的方案，即从使用价值管理和价值管理上建立有区别的旅游资源管理模式，并分析了旅游资源产权同双重有区别的旅游资源管理模式的关系。最后提出了解决代际悖论的政策建议，分别从使用价值管理和价值管理角度提出了具体的应对措施。

7 旅游生态补偿机制研究

旅游生态补偿是指采用经济手段调节旅游开发经营所涉及的生态利益相关者之间利益关系的制度安排，主要目的是保护旅游自然生态系统、促进旅游业可持续发展。

为了促进旅游地旅游发展与自然生态系统之间的和谐共生，提高自然旅游资源利用效率，保护旅游目的地自然生态系统，促进所在区域经济社会发展，应根据旅游生态补偿实施现状，利用协同发展的思维进行制度优化，借鉴国内外旅游生态补偿机制的优点，针对旅游生态补偿效率评价中反映的问题，从旅游生态补偿的要素机制、管理机制和保障机制等方面不断优化。

旅游地必须明确旅游生态补偿机制设计的初衷，从宏观上要积极落实国家关于旅游生态补偿的大政方针。党的十八大报告提出把生态文明建设放在突出地位，可以说是中国生态文明建设的重要标志。习近平总书记在党的二十大报告中明确指出，"必须牢固树立和践行绿水青山就是金山银山的理念，站在人与自然和谐共生的高度谋划发展。我们要推进美丽中国建设，坚持山水林田湖草沙一体化保护和系统治理，统筹产业结构调整、污染治理、生态保护、应对气候变化，协同推进降碳、减污、扩绿、增长，推进生态优先、节约集约、绿色低碳发展"。

旅游生态补偿的初衷是通过生态补偿恢复旅游地的自然生态系统功能和当地社区居民的生计能力，促进旅游地人与自然的和谐共生，是旅游地生态文明建设的重要内容，国家政策为旅游生态补偿提供了重要的指导原则和制度框架，旅游地应根据本地发展的特殊性结合国家政策要求来优化旅游生态补偿机制。

7.1 旅游生态补偿机制设计的基本原则

旅游生态补偿机制设计的基本原则是指旅游生态补偿应坚持的基本方向，也决定了其涉及的内容和价值定位。旅游生态补偿机制应在合理的价值取向、准确的目标定位、多元的补偿方式、统一的权责关系和动态的运行监管原则上不断优化。

7.1.1 价值取向合理：生态优先原则

2015 年实施的《中华人民共和国环境保护法》第四条明确规定"保护环境是国家的基本国策"，第五条明确规定"环境保护坚持保护优先、预防为主、综合治理、公众参与、损害担责的原则"。旅游生态补偿制度是保护旅游地环境的重要手段，这一机制的设计要体现保护环境的政策导向和基本原则，在设计和运行中必须坚持生态优先。

生态优先主要是指处理生态环境保护和经济增长之间矛盾关系的原则，其在旅游生态补偿中最本质的体现为坚持生态环境保护优先于经济增长的原则。从国际旅游生态补偿的先进经验和中国旅游地生态环境保护的现实需要来看，这一原则是最基本的。比如在旅游生态补偿中要采取切实可行的措施，以恢复旅游地因旅游活动和旅游发展而损伤的自然生态系统，退耕还林、退耕还湖等做法都是这一原则的具体体现。美国早在 20 世纪 60 年代就将生态优先原则确立为环境保护的基本原则，在其出台的《国家环境政策法》(1969 年)中明确规定，鉴于人类活动对于自然环境的一切构成部分的内在联系具有深远的影响，并鉴于恢复和保持环境质量对于人类的普遍幸福和发展具有极端重要性，将采取一切切实可行的手段和措施，创造和保持人类与自然得以在一种建设性和谐中生存的各种条件，实现当代美国人以及子孙后代对社会、经济和其他方面的要求。中国自改革开放以来，经济发展和综合国力提升迅速，但很多地区的发展是建立在粗放的经济发展模式上的，包括很多旅游地打着"无烟工业"的旗号，破坏原本就比较脆弱的生态环境，以环境为代价谋取暂时的发展，因此在大力建设生态文明的今天，生态优先原则是解决旅游和环境保护矛盾的首要原则，这既是旅游生态补偿机制设计的出发点，也是政策执行的落脚点。

在《中共中央关于制定国民经济和社会发展第十四个五年规划和二〇三五年远景目标的建议》(以下简称《建议》)中，关于"十四五"时期经济社会发展指导思想中提到"统筹推进经济建设、政治建设、文化建设、社会建设、生态文明建设的总体布局""坚定不移贯彻创新、协调、绿色、开放、共享的新发展理念"。《建议》在"十四五"时期经济社会发展主要目标中指出，"生态文明建设实现新进步。国土空间开发保护格局得到优化，生产生活方式绿色转型成效显著，能源资源配置更加合理、利用效率大幅提高，主要污染物排放总量持续减少，生态环境持续改善，生态安全屏障更加牢固，城乡人居环境明显改善"。《建议》指出，坚持绿水青山就是金山银山理念，坚持尊重自然、顺应自然、保护自然，坚持节约优先、保护优先、自然恢复为主，守住自然生态安全边界。深入实施可持续发展战略，完善生态文明领域统筹协调机制，构建生态文明体系，促进经济社会发展全面绿色转型，建设人与自然和谐共生的现代化。《建议》明确，加快推动绿色低碳发展。强化国土空间规划和用途管控，落实生态保护、基本农田、城镇开发等空间管控边界，减少人类活动对自然空间的占用。

7.1.2 目标定位准确：可持续发展原则

旅游生态补偿机制设计的目标应是实现旅游地自然生态和旅游产业的可持续发展，打造旅游地的循环经济发展体系。可持续发展理念为实现代际公平和代内公平提供了重要的方向。现行的部分政策更多地强调"谁污染，谁治理"的末端治理，已不能适应生态文明建设的需要。而且，对后代人利益的考虑不充分，有可能造成代际不公平；在地区间生态补偿的协同问题上考虑不充分，有可能造成代内不公平。因此，为了避免这些不可持续问题，应在政策设计过程中充分考虑这些因素，按照可持续发展的理念协调矛盾，提升旅游地的经济效益、社会效益和环境效益。

可持续发展的关键问题是科学计算旅游地的承载力，通过旅游生态补偿机制的设计，将不突破承载力以谋求发展提到政策的高度，避免一边补偿一边破坏。旅游生态补偿旨在修复和补偿受损生态，但随着经济社会发展阶段的变化，旅游生态补偿机制的设计也应体现国家生态保护政策的基本原则——预防为主，因此为避免破坏与修复之间的恶性循环，在设计之初就要充分考虑可持续发展的问题，能不破坏的就不破坏，不可避免的建设性破坏必须通过补偿恢复其功能，包括自然生态系统的功能，也包括当地社区居民的生计能力，这是保证代内公平的重要方式。另外，考虑到自私等人性特点的存在有可能致使生态环境"透支"，生态补偿不仅要重视当下的借债和还债，还要重视未来的借债和还债，以实现当代人与后代人之间的公平，因此旅游生态补偿机制设计既要满足当代人发展的需求，又不损害后代人的发展需求和机会。

7.1.3 补偿方式多元：政府主导、市场调节和社会参与并行原则

任何一种单一的旅游生态补偿方式都无法满足中国当前旅游生态补偿发展的需要，因此旅游生态补偿机制设计的基本原则之一是坚持政府主导、市场调节与社会参与并行的多元补偿方式。

目前中国旅游生态补偿尚处于初步发展阶段，政府主导型机制依然是主要的补偿方式。生态环境具有比较典型的公共物品的属性，容易出现"公地悲剧"，因此政府作为公共管理的主体，承担公共生态资源管理、生态环境保护和生态利

益等公共物品和公共服务的提供责任，必须在旅游生态补偿机制中扮演重要主体角色，尤其在市场失灵的领域发挥"看得见的手"的作用。同时，中国当前的国情要求政府应在旅游生态补偿机制中起主导作用，从政策制定、资金供给到补偿监管等方面均需发挥主导作用。随着旅游产业的不断发展，很多地方政府在旅游资源规划与开发方面具有举足轻重的作用，掌握着公共资源类旅游景区的开发权、规划审批权和部分旅游经济收益权，已进入相应的获益主体范围，更应以谁受益、谁补偿的原则来承担旅游生态补偿责任。不过，政府旅游规划及开发决策失误、旅游行政管理不恰当等也会导致旅游自然生态系统服务价值受损，甚至会给当地社区居民的利益带来损害，因此政府管理部门应将维持旅游资源的生态价值及相关主体生态利益分配的公平合理性当成一项非营利的公共服务行为(杨桂华等，2015)，自觉承担旅游生态补偿的主体责任。因此明确政府在旅游生态补偿机制运行中的主导地位，将旅游生态补偿与生态功能区规划相结合，有利于促进经济社会发展与自然生态环境保护有机协调。

市场调节是旅游生态补偿发展到一定阶段的必然产物，也就是将旅游发展过程中需要进行生态补偿的自然生态资源和生态系统服务纳入市场运作平台中进行交易，通过直接交易等市场经济手段调节旅游发展所涉及的生态利益相关者之间的关系(任毅、刘薇，2014)。例如，游客作为旅游生态补偿主体支付旅游生态补偿金就是典型的市场调节手段之一。与政府主导和社会参与两种旅游生态补偿方式相比，市场调节的方式更能体现自然生态资源的价值，也就是说，自然生态资源的价值越高，其交易价格越高，获得的旅游生态补偿就越多。此外，市场调节手段具有内生性和循环性的特点，能够使旅游生态补偿主客体之间建立紧密的联系，将各方利益相关者纳入到旅游生态补偿系统中来，形成互相影响的利益格局，更有利于各方主体为维护自身利益而实施有利于自然生态系统的环境行为。市场调节方式的采用也可以在一定程度上筹集到旅游生态补偿的资金，弥补资金不足带来的补偿压力，同时缓解政府财政资金紧张的问题。

社会参与的旅游生态补偿方式主要是调动社会公众参与生态文明建设的积极性，完善旅游地生态补偿机制。所谓社会参与原则即依靠群众保护环境的原则，是指社会公众有权参与到旅游生态补偿机制的决策、运行、监督和反馈等各个环节中，从而发挥作用。1992年，联合国环境与发展大会通过的《21世纪议程》详细阐述了公众参与原则的内容，明确社会公众拥有环境信息获取权、环境决策参与权和环境公益诉讼权等权利。社会参与机制的重要体现是将旅游地社区居民纳入旅游生态补偿机制。旅游地社区居民既是旅游地生态服务功能损害的直接承受者，甚至包括损失机会成本，理应成为旅游生态补偿的对象，同时他们又是旅游地旅游发展的受益者，从旅游发展过程中获取到生计的补偿，包括收入的直接提高和就业机会等显性收益，因此，无论从哪个视角看，旅游地的社区居民都是旅游生态补偿社会参与的重要一环，在设计旅游生态补偿机制时必须考虑到。

7.1.4　权责关系统一：权利义务对等原则

无论在哪个领域，权利和义务总是相互对应且相互依存的。旅游生态补偿领域也不例外，在旅游地产生生态利益冲突最根本的原因在于一方主体获得了生态利益而未承担相应生态补偿责任，甚至还在享受利益的过程中剥夺了其他主体获得该生态利益的机会。这就是典型的权责不对等，既是问题产生的根源之一，也是导致解决问题效率低下的重要原因。权利义务对等原则是组织效率及管理效率提升最基本的原则。

生态补偿最初确定也是被国际广泛采用的"污染者付费，受益者补偿"原则即权利义务对等原则的体现。这就从权利和义务的角度明确了不同主体的关系，旅游生态系统作为一方主体承担了服务功能和价值的损失，拥有恢复的权利；旅游企业和游客作为一方主体享受了生态环境和旅游发展带来的经济收入、身心愉悦等权利和收益，需要承担恢复、保护和建设生态环境的成本；旅游地社区居民承担了生计条件损失及生活方式转变成本，拥有获得经济补偿或生计能力的权利等。在设计旅游生态补偿机制时，必须让生态环境受益者承担生态补偿义务，并赋予生态环境建设者或利益损失者受偿权，使双方权利义务关系保持相对平衡；构建长效的利益共享机制，维护权责对等的基本法理，同时也体现环境正义和社会公平。在设计旅游生态补偿机制时，要深刻剖析旅游业发展对旅游地自然生态环境的影响程度，既要清楚生态旅游对旅游地经济社会发展和自然环境产生的贡献，也不能忽略其对旅游地自然环境带来的破坏，把旅游发展与生态补偿和生态文明建设有机结合起来，形成旅游生态环境保护的合力，通过法律法规明确旅游生态补偿相关者的权责利关系。

7.2　完善旅游生态补偿要素机制

完善旅游生态补偿机制首先要解决的问题是厘清各基本要素之间的关系，应从旅游生态补偿机制的补偿主体、补偿对象、补偿标准和补偿方式等基本要素层面完善旅游生态补偿机制，使各构成要素协同运行、共同作用，实现旅游生态补偿的根本目的。补偿主体是指承担旅游生态补偿责任或义务的主体，只有补偿主体和其应承担的责任义务明确，才能更加科学充分地筹措补偿资金；补偿对象是受偿方，在旅游过程中生态服务功能或价值受损，只有补偿对象和其损失清晰，才能更加精准地实施补偿；补偿标准是核算旅游生态系统服务功能和价值的损失、恢复成本、保护成本和建设成本，还包括生态系统受损的间接损失，如机会成本、旅游地社区居民生计条件损失及生活方式转变成本等，以及作为公共物品的生态系统服务功能带来的收益，只有科学地核算补偿标准，才能使旅游生态补偿机制运行更加顺畅；补偿方式是指针对补偿对象成本弥补或收益共享的方式，只有补偿方式选择合理，才能从根本上实现旅游生态补偿机制设计的目的，即促进旅游发展和生态保护共赢，人与自然和谐共生，更好地建设生态文明。

旅游生态补偿的内涵包括三点：①区域主要集中在自然旅游目的地且类型多样。旅游生态补偿的区域主要集中在以自然旅游资源为主要吸引物的旅游目的地，因为这些区域生态环境的主要功能是旅游利用。自然旅游地的类型包含森林旅游地、山岳旅游地、都市自然遗产、农业遗产地等。其中，森林旅游地是被关注较多的类型。②关注社区利益。旅游开发不可避免地带来周边社区的参与及居民的机会成本，因此旅游生态补偿中社区居民是重要的利益主体。③不仅关注生态/环境破坏带来的相应补偿，还需关注旅游生态环境建设和某些重要生态系统保护带来的补偿。因此，从这个角度讲，旅游生态补偿与旅游资源生态补偿、资源使用费、占用费等领域有所区别。

7.2.1 建立旅游生态补偿主体多元协同机制

生态补偿主体是指因利用生态环境及自然资源获益或对其产生损害而应承担补偿责任或义务的利益主体。优化旅游生态补偿机制的基本路径是明确补偿主体的责任和义务，引导旅游生态补偿主体补偿行为，促进机制的高效运行。旅游生态补偿主体有直接主体和间接主体两类。直接主体是指旅游发展过程中因自然旅游资源直接获益或对自然生态系统造成直接损害的利益主体，包括旅游开发者、旅游经营者和旅游者。间接主体主要是指相关政府部门，因为自然旅游资源具有典型的公共物品属性，无法由私人主体承担全部的补偿义务，同时政府部门又是公共事务管理权的行使方，因此政府部门应将保护自然旅游资源作为重要的公共事务来承担生态补偿责任。此外，间接主体还包括主动承担环境保护责任的组织和个人。不同旅游生态补偿主体的责任和义务也有所区别，因此应建立旅游生态补偿主体多元协同机制，使各方主体在各自应发挥作用的领域依法履行责任。

首先，政府是中国旅游生态补偿的重要主体，这是由中国目前的基本国情决定的，短时间内都不会改变政府在旅游生态补偿中的主导地位。虽然政府在旅游生态补偿中的主体和主导地位是确定的，但是并不意味着政府在旅游生态补偿实施过程中大包大揽，或者单独承担所有补偿费用。政府作为旅游生态补偿主体的主要责任包括：第一，制定更加完善的旅游生态补偿相关制度，使旅游生态补偿切实发挥作用；第二，各级政府在旅游生态补偿中承担各自的职责，跨行政区域的旅游地生态补偿工作应由上级政府协调，归属某一行政区域的旅游地生态补偿由所属地方政府负责相关旅游自然生态系统功能的修复和保护补偿工作；第三，对生态环境服务功能的收益进行再分配，即通过政府财政资金的划拨和使用，实现宏观调控，对旅游地的生态环境进行补偿，进而维护社会公平和正义；第四，通过政策引导构建旅游生态补偿的市场机制，吸引社会资本投入旅游地自然生态文明建设中，拓宽旅游生态补偿资金的来源，解决补偿资金不足的问题。

其次，旅游企业是旅游生态补偿的重要主体，其利用旅游地自然生态环境获取旅游收益。旅游企业分为旅游开发者和旅游经营者。旅游开发者利用旅游自然生态系统和自然旅游资源进行旅游开发，从而获得经济效益，是旅游自然生态系统服务价值的受益者，同时其旅游开发行为对旅游地生态环境系统会产生不可避免的破坏，因此其又是旅游自然生态系统服务价值的破坏者。旅游开发者身兼受益者和破坏者的双重角色，应该承担旅游生态补偿的责任和义务。旅游经营者与旅游开发者相似，既依赖于自然生态系统及资源开展旅游经营活动，是旅游自然生态系统服务价值的受益者，又因其过度或不合理的经营活动对旅游自然生态系统可以造成一定程度的破坏，因此也是旅游地生态服务价值的破坏者。旅游企业主要承担责任的行为包括：第一，通过市场交易购买生态服务功能，作为需求者支付资源使用费用，为旅游地提供资金，实现对旅游地生态环境和社区居民的补偿；第二，通过旅游开发经营行为，为旅游地提供新的生计机会，为当地社区居民提供就业岗位，创造商业环境为居民提供创业机会等，都会直接或间接地增加当地社区居民收入，一定程度补偿了当地社区居民因旅游损失的生态资源收益；第三，通过纳税或缴纳生态补偿资金等方式增加政府财政收入，为政府划拨旅游生态补偿资金提供一定的支撑；第四，通过旅游经营开发过程中的主动行为，如使用新能源设施设备、垃圾有机处理等方式保护和修复自然生态环境等。

再次，旅游者是旅游生态补偿的主体之一，旅游者旅游过程中需要依托旅游资源与自然生态环境满足其旅游体验的需求，从这个角度看，旅游者也是旅游自然生态系统服务价值和生态效益的受益者；旅游者不文明的旅游行为方式又可能损害旅游自然生态系统服务价值，因此应对旅游自然生态系统承担补偿责任和义务。旅游者承担旅游生态补偿责任的行为包括：第一，通过购买旅游地产品以经济手段反哺旅游地，为旅游自然生态系统恢复和当地社区居民生活提供经济保障；第二，加强文明旅游行为规范，提高生态保护意识，转变消费观念，主动实施低碳绿色旅游和消费行为，为旅游地生态文明建设贡献自己的力量；第三，通过缴纳旅游生态补偿金或捐赠等行为直接为旅游地旅游生态补偿提供资金，解决生态补偿的资金困境等。

最后，一些愿意主动承担旅游自然生态系统保护责任的社会团体和个人，他们的行为会直接或间接地对旅游自然生态系统产生积极的影响和补偿，因此也是旅游生态补偿的主体，但属于非责任主体。他们主动承担旅游生态补偿责任，主要通过捐赠、劳动、宣传和培训等活动参与旅游地生态保护工作。

旅游生态补偿机制并不是简单的经济利益补偿机制，而是一个复杂的运行系统，具有典型的开放性和动态性，旅游生态补偿主体范围和责任确认又是其中非常核心的问题，因此应构建旅游生态补偿主体的多元协同机制，通过不同主体各司其职、协同合作的方式推动旅游生态补偿机制的不断动态完善。一是构建政府为旅游生态补偿主导，宏观协调旅游地的生态环境保护和旅游发展之间的关系，促进生态效益、经济效益和社会效益的协调发展，平衡各方利益关系；二是旅游企业应服从政府的管理并支持旅游生态补偿的相关政策，履行旅游生态补偿义务，同时反馈旅游发展信息，帮助政府完善政策，接受监督；三是旅游者应充分发挥其在生态环境保护中的重要作用，与旅游企业和公益团体等合作，集约利用自然资源，并提供旅游生态补偿资金，监督旅游企业的同时接受监督和管理；四是从事旅游生态补偿或环境保护公益事业的社会团体和个人在支持政府旅游生态补偿政策的同时，积极建言献策，为旅游地旅游生态补偿机制的动态演进贡献力量。

7.2.2 精准确定旅游生态补偿对象的范围和损失

旅游生态补偿的对象是指因旅游活动开展使其生态价值或功能受到损害或影响的客体，主要涉及旅游自然生态系统和利益相关群体两个方面。在旅游发展过程中，旅游开发经营行为和旅游者行为都可能对旅游自然生态系统产生一定程度的破坏，使其生态服务功能和价值受损，因此旅游自然生态系统是旅游生态补偿最主要的对象；旅游地社区居民的生态价值利用机会和利用水平也同样会受到损害，因此需要一定程度地补偿旅游地社区居民；为保护旅游生态系统和维持生态系统服务价值而付出的相关群体也应成为补偿对象。

旅游生态补偿机制运行过程中对补偿对象范围的界定如果出现偏颇，就会影响旅游生态补偿效果。旅游生态补偿在生态旅游区经常与旅游扶贫政策相结合，从提高当地社区贫困人口收益增长的角度来看，可以发挥较好的作用，这关系到国家可持续减贫政策的效果和旅游地的可持续发展。国家在重点生态区一般会通过权威的法律手段和行政手段要求当地社区居民减少对自然生态资源的利用或改变传统的非低碳利用方式，对当地社区居民的生计会产生一定的影响。如果在高要求的背后没有相应的补偿机制，同时又因旅游开发挤占了当地社区居民的其他生态利益，就会导致社区居民为了生态保护和建设付出了高额成本却没有相应的收益，从而产生巨大的心理落差，尤其是与占用自然生态资源开发经营的利益群体比较，会为旅游地的政策施行带来一定的阻力（李志强、赵宁，2017）。因此，在旅游生态补偿机制设计中一定要体现以人为本的思想，一方面，根据旅游地社区居民的损失情况通过直接补偿的方式为其"输血"；另一方面，要积极引导旅游企业允许社区居民投入劳动、资金或自然资源并参与旅游发展成果的分配，调动当地社区居民的参与度和积极性，形成"造血式"补偿模式，更有利于旅游地自然生态环境和旅游业的可持续发展。

旅游地自然生态环境是旅游生态补偿的核心对象，是既容易被放在口头，又容易被忽略的客体，从旅游生态补偿资金的征收原因来看，大多数旅游地或景区征收旅游生态补偿资金的原因是保护旅游地资源，但资金如何使用，怎样的补偿才是对旅游地自然生态环境更好的行为，都需要进一步探讨。

7.2.3　科学确定旅游生态补偿标准

旅游生态补偿标准的确定是既复杂又十分关键的，包括对旅游地的总体补偿标准、对受偿对象的单位补偿标准、补偿主体的支付标准等，核算方法也比较多，目前关注点主要在总体补偿标准和主体支付标准等方面。

7.2.3.1　旅游生态补偿标准的确定方法

旅游生态补偿标准可以根据核算或者协商来确定，常用方法有生态系统服务功能价值法、市场价值法、意愿调查法和机会成本法等。其中，生态系统服务功能价值法适用于能够相对准确测量生态系统服务功能经济价值的旅游地生态补偿标准的确定；市场价值法是指基于供求关系来确定旅游生态补偿标准，比较适用于可以推向市场交易的旅游资源，如水资源交易和碳排放交易等；意愿调查法是指基于主体意愿，测量生态补偿资金支付意愿度和额度；机会成本法是基于机会成本理论，测量旅游发展产生的机会成本，进而确定旅游生态补偿标准。

使用以上这些方法可以更加科学地估算旅游地生态补偿标准，其出发点是核算旅游地生态补偿对象的受损情况，进而针对性补偿，这虽然是补偿标准的基础，但也是较为被动的核算方式。本节重点针对市场化补偿路径中的游客补偿标准进行量化研究，为旅游地确定游客支付标准和拓展旅游生态补偿资金来源提供依据。

7.2.3.2　旅游生态补偿的利益主体

旅游生态补偿的主体有三类：①政府主体，包括中央政府、地方政府、景区的各级上级管理部门(如水利风景区归水利部管理、国家风景名胜区归建设部管理等)；②市场主体，包括生态环境的破坏者、相关的旅游企业经营者、从旅游中获益的个人(如旅游者)和企业；③其他主体，包括各类环保组织和 NGO 及相关基金会。此外，吴耀宇(2011)在对自然保护区的生态补偿研究中，认为不同级别的自然保护区应有不同的补偿主体层次：具有世界意义的自然保护区应该争取国际社会的必要支持；具有国家意义的自然保护区，政府作为享受生态服务的全体公民的代表来购买保护区的生态服务，对为保护区建设做出牺牲的社区居民给予补偿；具有区域意义的自然保护区由获益地区的地方政府给予适当的补偿。还有研究者认为，生态补偿中地方政府不是利益相关方。他们认为，利益相关方特指生态利用、保护和建设利益范围内的相关利益群体，而地方政府没有进入该利益范围。笔者认为，地方政府在旅游开发及其相应的生态补偿中具有举足轻重的作用，尤其是对景区的控制权和收益权方面，已经进入相应的利益范围，应该是旅游生态补偿的重要主体。

旅游生态补偿的受偿对象可以分为两类：①对生态环境的补偿。这些生态环境不仅是旅游活动的环境背景，还是重要的旅游吸引物。②对人的补偿。包括旅游带来的生态破坏的受损者，由于发展旅游导致传统依赖环境生活且现在丧失部分生计条件的居民，旅游生态环境的治理者和维护者。对物的补偿最终还需要体现在对人的补偿上。在界定两者范围的基础上，需要将生态系统与人直接的相应互动建立概念框架，才能实现旅游生态补偿。张一群和杨桂华(2012)指出，旅游生态补偿不仅包括价值层面的补偿，还包括物质层面的补偿。物质层面的补偿主要是对生态系统的补偿，其补偿应以生态系统的健康运行为标准；价值层面的补偿主要是对人的补偿，其补偿应以相关群体是否能够保护生态、增强生态系统的服务价值为标准。

7.2.3.3　旅游生态补偿的标准核算

确定了补偿主体和受偿对象，需要确定具体的生态补偿标准。旅游生态补偿标准的核算首先需要确定补偿标准构成，其次需要针对不同的补偿内容确定不同的核算方法。

旅游生态补偿的标准构成包含四部分：①生态服务价值的补偿。生态补偿损益情况分析不足造成了部分价值核算重复计算；生态服务价值的评估着眼点不应是生态服务价值总体的评估，而应该是由于某种价值增强而带来的其他服务价值变化的评估。旅游开发带来的环境生态变化实际上既有损失的方面，也有增加的方面，因此需要分析其损益情况。既不是生态系统服务价值的全部补偿，也不是生态系统服务价值中游憩价值的评估，而应该是变化量的评估与补偿。笔者认为应该是旅游开发造成的游憩价值增加而带来其他价值减少的差额。②当地居民发展的机会成本补偿。旅游开发造成了居民的生存及发展机会丧失，因此进行相应的补偿。③旅游区内旅游生态环境建设的补偿或奖励。造成旅游区内生态环境破坏的，要进行相应的补偿，如排污；旅游区内的生态建设及维护的相应建设费用需要进行补偿；生态环境改善应给以相应的补偿。④旅游区周边的生态环境建设的补偿奖励。

7.2.3.4 科学确定游客旅游生态补偿支付意愿和标准

除了被动补偿损失的标准核算方式，还可以主动核算受益者的受益情况，进而确定补偿主体应支付的补偿资金标准。游客的旅游生态补偿资金支付问题需要从这一角度出发进行核算。旅游者旅游过程中需要依托旅游资源与自然生态环境满足其旅游体验的需求，从这个角度来看，旅游者也是旅游自然生态系统服务价值和生态效益的受益者；此外，旅游者不文明的旅游行为方式又可能破坏旅游地的自然生态系统，成为旅游自然生态系统服务价值和生态效益的损害者，因此应对旅游自然生态系统承担补偿责任和义务。但是游客应为其旅游资源使用行为支付多少生态补偿金是一个复杂的问题，需要根据旅游地的自然生态资源服务价值确定，当前常用的方法是根据游客的支付意愿来确定支付标准。本节选用的条件价值评估法，是利用问卷调查方式测试被调查者在假定市场的经济行为，以得到被调查者的支付意愿来进行计量的一种方式。

本节选取了武陵源风景区的游客作为调查对象，在问卷调查中，将是否愿意支付费用分为"愿意"和"不愿意"两种情况，与之相对应的问题是"你是否愿意为武陵源旅游生态补偿支付一定的费用"。显然这是一个二分类变量，在这里对"愿意"与"不愿意"进行赋值，将"愿意"赋值为"0"，不愿意赋值为"1"。如被调查者选择"愿意"支付一定数额的补偿费用，将继续回答相应的问题。"你愿意从哪些方面多支付资金来作为生态补偿金"，问卷设置了车辆过路费/停车费、景区门票、生态补偿专项资金等途径。"你愿意支付多少资金作为补偿费用"，问卷采取了分段式的价格方式：5元以下、5~10元、11~15元、16~20元、21~25元、26~30元、30元以上。在不考虑其他变量因素影响的条件下，利用平均价值法，求游客对武陵源生态补偿资金的最大支付金额。

如果选择"不愿意"支付，需回答不愿意支付的原因，是对生态补偿的效果持怀疑态度或否定态度，还是生态补偿资金用途不明、缺乏监督，经济能力有限，不想支付太多，当地收费较高等。

调查对象为到访过武陵源景区的游客，研究影响游客生态补偿支付意愿的影响因素。问卷分为以下几个部分：①介绍调研目的以及相关信息。②游客的人口统计学变量。包括客源地、性别、年龄、职业、文化程度、收入等变量。③游客环境感知情况。包括游客出游目的、重游意愿、对生态环境保护的认知和关注度、对景区生态环境的担心度、对景区现有的生态环境认知等情况。④游客对生态补偿的认知程度和支付意愿。包括游客对生态补偿机制的认知程度，是否愿意支付、用途、支付金额以及不愿意支付的原因。

根据武陵源生态补偿支付意愿调研结果，游客游览武陵源景区愿意支付生态补偿金的最大金额为14.34元。

通过研究发现，支付能力似乎已经不再是游客们不愿支付生态补偿金的主要影响因素，对环境关注度及生态补偿资金的使用情况等成为了影响游客们支付意愿的主要影响因素。因此应提高生态补偿资金使用的透明度，包括支付标准和使用情况等信息都应该公开。信息的透明化有助于提高人们的支付意愿，更有利于旅游地自然生态环境的保护和旅游产业发展。

7.2.4 合理选择适用的旅游生态补偿方式

旅游生态补偿的方式很多，要因地制宜将不同补偿方式结合起来实施旅游生态补偿，以实现更好的补偿效果。按补偿形式的不同，可综合运用资金、政策和实物等不同形式进行补偿；针对补偿对象的差异性，可以按照其核心需求实施补偿。在旅游生态补偿机制的实际运行过程中，需要综合考虑不同补偿对象的补偿需求，因此以补偿对象为标准选择适宜的旅游生态补偿方式至关重要。旅游生态补偿的对象主要有三大类，即旅游自然生态系统、旅游地社区居民和旅游地生态建设者及保护者。不同对象的核心诉求有明显的差异，为实现补偿效益最大化，应针对不同主体的需求进行补偿。对于旅游自然生态系统的补偿更适合选择资金支持保护和修复，政策引导产业结构调整游客低碳出行等补偿方式；对于旅游地社区居民更适合选择资金和实物补偿生计能力，助力创业就业，政策扶持家庭生计结构优化等补偿方式，不断强化其环境保护理念和行为，使其与旅游地自然环境和谐共生；对于生态环境建设和保护者的补偿主要选择弥补其成本的资金补偿方式和精神激励等方式。

首先，旅游自然生态系统是旅游生态补偿的核心对象。旅游开发和旅游活动必然会一定程度地破坏旅游自然生态系统，使其服务功能和价值都有所损失，应针对旅游自然生态系统的供给服务（产品）、调节服务（调节收益）、文化服务（非物质收益)和支持服务(基础服务)功能,实施生态补偿。对旅游自然生态系统的补偿可将直接补偿和间接补偿两种方式结合起来运用。对旅游自然生态系统进行直接旅游生态补偿的主要目的是保护和恢复旅游自然生态系统的服务价值和功能,即将旅游生态补偿的资金直接用来保护生态环境和恢复生态系统功能,如保护动植物资源、保护地文水文景观、修复遭受破坏的生态环境及其他生态保护恢复等项目。通过直接旅游生态补偿可以促进旅游自然生态系统服务价值和功能的恢复和提升,也可以维持和增强其对旅游经济系统的支撑力(杨桂华等,2015)。间接旅游生态补偿方式是指通过补偿能够间接支撑旅游自然生态系统的可持续发展,如通过资金投入增加人们的生态保护知识、提高人们的生态保护意识,进而促进生态保护行为的强化。短时期内,间接旅游生态补偿方式可能不会对旅游自然生态系统服务功能和价值产生特别显著的成效,但从长远发展来看,其效益不可估量。这种效益一旦产生即具有持续性,比直接旅游生态补偿方式产生的影响时效更长久。

其次,旅游地社区居民也是旅游生态补偿的重要对象。旅游地社区居民因旅游发展而产生的损失主要表现为生态资源使用权和生活空间变小而带来的生产和生活的损失,对旅游地社区居民进行补偿应针对其需求,重点保障其生计能力和发展权利,目前主要采用直接补偿和间接补偿两种方式,因其产生的效益不同,直接补偿又被称为“输血式”补偿,间接补偿又被称为“造血式”补偿。“输血式”补偿是指对旅游地社区居民进行的直接旅游生态补偿,主要包括发放补偿资金或补偿实物两种形式,直接补偿其生活生产损失。这种补偿方式可以直接缓解旅游地社区居民因旅游发展而出现的生计困难,也能协调旅游发展与当地社区居民之间的矛盾关系,为旅游发展提供社区环境保障。但“输血式”补偿也有明显的制度设计缺陷,会造成部分社区居民依赖的心理,不利于长期可持续发展能力的提升,因此在使用时需要分清情况,可以与其他补偿方式共同发挥作用。“造血式”补偿是指为促进旅游地社区长远发展和提高居民的发展能力而通过改善旅游地社区生产生活条件、促进旅游地社区居民就业、扶持旅游地社区经济产业或文化事业发展等措施进行的间接旅游生态补偿。这种生态补偿方式核心目的是激发旅游地社区居民整体发展的内动力,带动整个社区的共同发展和可持续发展,形成自我发展的能力。

最后,对旅游地生态建设和保护者补偿的出发点是弥补其为旅游地生态保护行为和环境建设过程中付出的成本,包含直接成本和机会成本。但补偿目的并不是单一的弥补,而是通过补偿表明相关部门对此类行为的激励,引导生态保护和环境建设的长效行为机制,进一步促进旅游地生态保护风尚的形成。对生态保护和建设者的补偿也可以根据其主要需求采用资金、实物、精神激励和制度等不同方式。物质补偿可以维持生态保护和建设者持续正向生态保护和建设行为的能力；精神补偿既体现对其行为的高度认可，又能通过榜样作用引导更多人的正向生态行为；制度补偿可以支持生态保护和建设者的行为，并帮助其产生更好的效益。

7.3　优化旅游生态补偿管理机制

旅游是一项综合性产业，关联性强，涉及产业类型多、范围广，因此旅游生态补偿也是复杂的系统工程，其根本矛盾是旅游资源开发和生态环境保护的关系，但同时涉及旅游地产业结构调整与优化、社区建设与居民发展等更深层次的领域，是一项需要长期探索和完善的制度。从涉及的管理主体来看，既包括文化与旅游、环境保护、财政、国土、水利和农林等众多政府部门，也涉及旅游经营开发商、游客等市场主体及当地社区居民；从管理过程来看，既包括补偿范围的确定、补偿方式的选择、补偿标准的核算等核心过程，又包括补偿意识的宣传、补偿制度的实施和补偿过程中各种问题的处理决策等。因此建立高效的管理机制对旅游生态补偿制度的顺利实施和效率提升具有重要意义。

7.3.1　优化旅游生态补偿决策规划机制

高效的管理机制是旅游生态补偿机制优化必须建立的，而决策是管理的核心职能，对管理效果具有关键性影响，科学的决策规划机制对于旅游生态补偿的有效运行意义重大。规划决策职能是政府履职的重要手段，政府通过旅游生态补偿机制的设计、实施和监督，使旅游生态补偿由方案变为现实，政府主导的模式也决定了政府的决策规划是旅游生态补偿效果的决定性影响因素之一。目前中国旅游管理领域仍然存在条块分割的现象，多头管理的问题十分突出，导致旅游生态补偿难以实现统一决策和统一规划，补偿资金投入产出比低，进而严重影响了旅游生态补偿机制作用的发挥。因此，应在旅游地成立旅游生态补偿决策规划机构，统筹旅游地生态补偿各项事务，推进生态补偿工作的长效开展。

首先，健全旅游生态补偿决策规划相关制度。这是优化旅游生态补偿决策规划机制的重要保障，要形成民主、公平、透明的决策规划体系，贯穿于旅游生态补偿机制的设计、实施、调整和评价的始终。在旅游生态补偿决策规划前要充分尊重相关领域专家和当地社区居民的意见，以获得广泛的专业建议和认同基础。同时，在旅游生态补偿政策规划和实施过程中，还应该不断完善旅游生态补偿专家咨询制度、听证制度、公示制度和监督制度等，提高旅游生态补偿决策的信息透明度，全程公开规划决策信息。决策规划过程的制度化和法律化是旅游生态补偿制度科学性的保障，也是各相关利益主体利益平衡的保障。

其次，建立并完善"弹性"决策规划机制。自然生态系统在维持生命的支持系统和环境的动态平衡等方面发挥着重要作用（唐玉芝等，2018），但旅游发展和自然生态系统的演进都是动态变化的，旅游生态补偿机制的设计就是为了协调两者之间的关系，如果决策一旦作出即一成不变，就无法更好地解决动态变化的双方关系，因此旅游生态补偿的决策机制应该根据这些动态变化弹性调整。旅游自然生态系统是一个动态多变的系统，受到气温、降雨、温度、人类行为等多方面影响，因此旅游自然生态系统的平衡点也处于变化之中，旅游生态补偿的需求也不是固定的，应动态调整政策的施行。

再次，采用科学的旅游生态补偿决策规划方法。决策方法分为定性方法和定量方法两大类。定性方法包括头脑风暴法、名义小组技术和德尔菲函询法等，共性是专家集体决策，也就是说，旅游生态补偿决策是复杂的系统决策问题，在问题性质的判断、方向的抉择等定性问题上要避免"拍脑袋"和个人决策倾向，集聚专家的集体智慧，确保方向正确；定量方法包括线性规划、最优化、模糊决策等多种方法，要根据旅游生态补偿不同阶段的要求选取适合的方法。

最后，建设旅游生态补偿决策规划人才队伍。完善旅游生态补偿的决策规划机制必须采用科学的决策方法和规划方法，遵循决策的科学规律，而这些问题的解决最终要依靠人才，因此优化决策规划机制最重要的任务是建设旅游生态补偿决策规划人才队伍，应用先进的决策理念、科学的决策方法助力旅游生态补偿政策供给。

7.3.2 优化旅游生态补偿利益协调机制

旅游生态补偿的利益协调机制是管理机制的重要组成部分之一，也是旅游生态补偿顺利运行的重要一环。由于旅游生态补偿的利益相关者较为多元，甚至某些主体既是生态利益受损方，又是生态利益受益方，关系错综复杂，除了旅游生态补偿主体与补偿对象之间的利益关系，还涉及旅游地补偿对象之间的利益关系，旅游生态补偿资金的再分配等都会导致不同主体利益的不均衡，阻碍旅游生态补偿机制运行，降低运行效率，因此需要构建旅游地各利益相关者之间的利益协调机制。此外，有的旅游地分布在不同的行政区域，涉及不同地方政府财政资金的划拨和使用，产生的旅游生态效益在不同行政区域共享，这同样需要良好的利益协调机制发挥作用，既要保障旅游生态补偿资金合理分配，又要保障利益得到共享。旅游生态补偿利益协调机制的建设应基于促进生态正义的角度，合理协调各利益相关者的关系。建立一种利益协调的管理机制就是将各方利益相关者协调在一起，就大家共同关心的生态建设、经济利益、公共事务的管理和决策等事项，通过平等的友好协商和充分沟通，明确各自的权利义务并进行合理分配、坚定执行，最终实现旅游地生态补偿机制的良好运行，促使生态环境与旅游业共同发展。

应建立与旅游生态补偿对象之间的沟通协调机构，尤其是要通过各种方式向旅游地社区居民讲解旅游生态补偿分配的细则、旅游生态补偿相关制度和国家地方政策的相关规定，同时建立公开机制，即公开补偿资金情况、公开补偿分配方式、公开补偿分配标准，保证补偿对象监督权的充分行使。除了建立机构，还要建立定期沟通协调机制，通过定期召开相关会议，与旅游生态补偿主体、对象进行协商沟通，共商旅游生态补偿和旅游地旅游产业发展等重大问题，建立旅游地各方利益主体之间的利益共享、生态共建、责任共担和共同发展的可持续发展格局。

7.3.3 优化旅游生态补偿效率评估机制

判断旅游生态补偿政策是否发挥了预期作用需要对机制的运行进行评价，即对旅游生态补偿能否有效实施进行及时的评估反馈，这也是旅游生态补偿机制闭环运行的重要保证。因此要优化旅游生态补偿运行的评估机制，对旅游生态补偿的效率进行评价，以便不断地优化旅游生态补偿机制，从而获得更好的旅游生态补偿效果。

旅游生态补偿的核心目的是在保护旅游自然生态系统功能和环境质量的基础上，促进当地经济社会的整体发展，包括促进旅游业的可持续发展。旅游生态补偿政策是否能够达到最终目标取决于很多因素，其中科学的效率评估机制是重要的保障。效率评估应从三方面开展：一是评估旅游生态补偿项目，为旅游生态补偿实施奠定基础；二是对旅游生态补偿资金使用效率的评估，强化对旅游生态补偿资金使用情况的审计工作，确保资金的用途和效率符合规定和预期；三是对旅游生态补偿政策实施效果的评估，主要指标是对旅游地自然生态环境的治理改善状况和对当地经济社会等各方面的贡献率。

目前中国旅游生态补偿以政府为主导，因此旅游生态补偿机制的运行效果与政府政策执行情况和绩效考核制度关系密切。我国对各级政府官员的考核更偏向于 GDP 指标，与经济发展和财政收入挂钩，从某种意义上讲，旅游生态补偿的显性经济效益较弱，财政支出却很高，如果采取单一经济发展政府绩效考核指标，旅游生态补偿必将不被重视。因此应构建更加全面科学的政府绩效考核指标体系，将绿色 GDP 纳入政府考核机制，形成可持续发展和统筹兼顾的新政绩观，既有利于推动各级政府重视自然生态环境保护和旅游业的可持续发展，也有利于旅游地区域之间的生态补偿协调。

优化评估机制可以从三方面着手：首先，建立自上至下的旅游生态补偿专门管理和运作机构；其次，加强旅游生态补偿专业人员队伍建设，因旅游生态补偿涉及事务众多，对专业技术要求较高，因此要建立一支包含旅游领域、生态保护领域、生态环境各专业领域专家的旅游生态补偿效率评估队伍，科学评估旅游生态补偿运行效果；最后，动态监测旅游自然生态系统的变化，为旅游生态补偿机制的不断优化提供科学依据。

7.3.4 优化旅游生态补偿社会参与机制

随着旅游生态环境破坏的日益加剧和旅游地生态服务功能的外溢，资源有限、环境无价的观念根植于人们的头脑并体现在社会经济活动中。因此旅游生态补偿的首要任务是调动各方积极性，形成以保护自然生态资源为根本、以持续合理利用自然生态资源为原则的共识。事实证明，完全依靠政府财政资金补贴，无法实现旅游生态补偿的目标，甚至会造成企业和公众生态保护意识薄弱，因此要引导公众和企业参与到旅游生态补偿中来。

公众参与是指鼓励社会公众参与到旅游生态补偿中，包括旅游地社区居民、游客和其他社会力量。社区居民对待旅游开发和生态补偿的态度理应被纳入旅游地规划和生态补偿政策制定的参考范围，一方面可以缓解旅游开发和环境保护的相关利益矛盾，另一方面也可以争取到当地社区居民对旅游相关规划与政策的支持，从而降低政策推广与实施的难度。社区居民通过参与生态保护建设项目，提高收入，变"输血式"补偿为"造血式"补偿；旅游者因对生态系统服务的需求和良好自然环境的渴望，意愿支付一定的资金对生态系统和环境投入，弥补旅游生态补偿资金的不足。企业参与是以市场为导向，构建生态交易机制，引导企业参与旅游生态补偿，提高资源成本和环境保护意识从而达到节约资源、减少污染的双重效应(温薇，2019)。

当地社区居民积极配合参与旅游生态补偿是旅游地旅游和自然生态环境可持续发展的重要保障。旅游地社区居民作为旅游发展过程中的重要相关利益主体之一，对旅游地的自然生态系统服务功能和脆弱性更加熟悉，应对旅游发展对生态系统的不良影响更有针对性和经验，他们既是旅游业的参与者、生态环境的保护者，也是旅游发展和生态环境保护的受益者，同时也是其他利益的受损者，多重身份决定了旅游地社区居民是旅游发展和环境保护的重要动力。陆丹丹和陈思源（2017）以广西漓江为例测量了旅游地社区居民对生态补偿的态度，实证研究结果表明，旅游地社区居民正处于旅游生态补偿的意识觉醒期，其对待旅游生态补偿的态度也具有一定的动态性。但随着旅游地社区居民旅游生态补偿意识的觉醒，旅游发展带来的生态补偿利益和对当地经济发展的推动会促进他们更加认识到生态环境对旅游的支撑，更加重视生态环境保护，进而为旅游生态补偿机制的实施提供力量。

7.4　健全旅游生态补偿保障机制

旅游生态补偿保障机制是为促进旅游地旅游生态补偿的顺利高效运行而建设的各项机制，包括法律保障机制、资金保障机制、技术保障机制和监督保障机制等。完善保障机制主要从法律制度保障体系的健全、资金保障体系的构建、技术保障体系的优化、监督管理体系和宣传引导体系的完善等方面着手。

7.4.1　健全旅游生态补偿法律保障体系

旅游生态补偿法律保障体系的不断健全，可以规范、明确、权威、有效地保护旅游生态补偿利益相关者的合法权益，同时能够建立旅游生态补偿的长效机制，由此调动人们环境保护的积极性，实现旅游生态环境和旅游业和可持续发展。与经济手段、观念调节等相比，法律制度可以有效降低主观随意性，最大限度地保持旅游生态补偿机制和社会的稳定。旅游生态补偿法律制度是指基于旅游发展背景下生态环境保护与社会公平的内在要求，以旅游地自然生态资源开发利用和环境保护涉及的利益相关者属性界定为基础，为确定不同利益主体权利义务关系和行为规范而建立的法律制度（杨桂华等，2015）。旅游生态补偿法律机制的构建就是要用法律法规的权威性和强制性来明确旅游地利益相关者的权利和责任，规定其行为边界和行为方式，实现旅游生态补偿的根本目的。

我国经过多年生态补偿的立法实践，生态补偿的制度体系在不断完善，而且生态补偿立法已经被提到了国家立法层面。2015年施行的《中华人民共和国环境保护法》的制定为生态补偿提供了法律框架和基础，但在具体制度设计方面仍然存在规范零散、结构失衡、内容片面等问题（刘蓓，2020）。我国关于旅游生态补偿的法律制度尚未形成完整的体系，仍然没有一部具有正式法律渊源的生态补偿法律（谢林武、周新成，2021），难以为旅游生态补偿机制的有效运行保驾护航。一方面，国家应加快制定符合中国基本国情的具有正式法律渊源的旅游生态补偿法律，提供国家层面的法律框架；另一方面，旅游地所属地方政府也可以借鉴国内外旅游生态补偿制度建设的相关有益经验和做法，进而制定出符合旅游地实际的地方性法规，进而构建完整的旅游生态补偿法律制度体系。

构建旅游生态补偿法律体系的关键是要解决国际、国家和地方法律法规体系中关于旅游生态补偿相关内容的无缝对接问题，各层次法律法规应在明确各自法治目标的基础上各司其职、各负其责。解决这些问题都有赖于旅游生态补偿制度体系的不断完善，而且当前国内旅游产业的飞速发展、产业格局的不断优化升级和生态文明建设的紧迫性都对旅游生态补偿机制提出了更高的要求，这就要求旅游生态补偿法律体系建设先行，为旅游生态补偿机制的良好高效运行提供制度保障。完善旅游生态补偿体系关注的重点有两个：一是旅游生态补偿法制理念的彰显，也就是在旅游地进一步巩固旅游生态补偿的理念，用理念来指导人们的行为；二是法律关系即权利义务关系的明确，即分级分类确定权利义务，因地因时制宜，确保旅游生态补偿的有效性。

7.4.2　构建旅游生态补偿资金保障体系

中国旅游生态补偿以政府为主导，资金主要来源于政府拨款，依靠中央向地方财政转移支付，补偿方式相对单一。由于补偿资金缺口较大，未曾开展生态补偿的旅游地很多，开展的地区大多补偿标准也远低于旅游活动产生的机会成本和发展成本，不利于旅游地自然生态的保护和修复。因此应构建旅游生态补偿资金保障体系，稳定旅游生态补偿资金来源，支撑补偿机制的运行。

7.4.2.1　拓宽旅游生态补偿资金来源

多元化的旅游生态补偿主体为拓宽旅游生态补偿资金来源渠道提供了基本保障，补偿主体应承担起旅游生态补偿资金筹集的责任。

旅游开发者和旅游经营者的支付方式：旅游开发者和旅游经营者既是旅游自然生态系统服务价值的受益者，也是旅游自然生态系统服务价值的破坏者，扮演受益者和破坏者的双重角色，应该承担旅游生态补偿的责任和义务，是旅游生态补偿的重要主体。旅游开发者和经营者除了自觉承担自然生态环境保护和主动修复的责任，还应通过缴纳环境税或征收排污费等方式支付旅游生态补偿资金。

旅游者的支付方式：旅游者也是旅游自然生态系统服务价值和生态效益的受益者，而且旅游者不文明的旅游行为方式又可能破坏旅游地的自然生态系统，成为旅游自然生态系统服务价值和生态效益的损害者，因此应对旅游自然生态系统承担补偿责任和义务。旅游者支付旅游生态补偿资金的方式可以是专项支付，也可以包含在门票等费用中，但需要明示费用构成和标准。

政府部门的财政转移支付：政府部门虽然在旅游发展中既不是旅游生态系统服务价值的直接获益者，也不是生态环境的破坏者，但由于其主体属性，成为旅游生态补偿的间接主体。随着旅游的发展，很多地方政府已进入相应的获益主体范围，由于政府在旅游发展中权力运用不当，如旅游规划及开发决策失误、旅游行政管理不恰当等也会导致旅游自然生态系统服务价值受损，甚至会给当地社区居民的利益带来损害，因此政府管理部门应自觉承担旅游生态补偿的主体责任。中国需要实施旅游生态补偿的旅游地众多，仅靠中央财政转移支付会使国家财政面临巨大压力且难以实现较好的效果。因此在旅游生态补偿资金政府主体地位保持不变的前提下，要尽力拓宽资金渠道，保障旅游生态补偿运行资金充足。

其他组织和个人的捐赠支付：一些社会团体或者个人可能并非旅游生态环境的直接破坏者或受益者，但其愿意主动承担旅游自然生态系统保护责任，成为旅游生态补偿的又一主体。这类主体主要通过捐赠、劳动、宣传和培训等活动参与旅游地生态保护工作，包括保护旅游地自然生态资源、参与旅游地自然生态环境建设、参与旅游地帮扶工作和促进旅游地社区环保文化建设工作等。因其行为会直接或间接地对旅游自然生态系统产生积极的影响，因此也应将其纳入旅游生态补偿主体的范畴，但属于非责任主体。旅游地可以通过建立生态补偿公益基金获取国际国内机构、企业和个人的捐赠。

7.4.2.2 建立旅游生态补偿资金专户

旅游生态补偿资金渠道的拓宽为旅游生态补偿资金的来源稳定和数量充足奠定了较好的基础，但旅游生态补偿资金的管理和使用也是至关重要的问题。笔者在面向游客的调研中发现，游客支付生态补偿资金的意愿在很大程度上受担心资金使用方式的影响，因此在旅游地应建立旅游生态补偿资金专户，专款专用，确保生态补偿资金的使用效率和透明度。

旅游生态补偿资金应包括政府财政拨款、旅游开发经营商提取补偿金或缴纳环境相关税费、碳交易所得、旅游者补偿金和各界捐赠款项等，要实行专户存储、专账管理，坚持"专账核算、专款专用和跟踪问效"的原则，确保资金安全高效。还应建立健全审计制度，完善事前、事中和事后控制机制，增加生态补偿资金使用的透明度。

7.4.3 优化旅游生态补偿技术保障体系

自然旅游地要实现可持续发展，旅游生态补偿必须两手抓，一方面通过"输血"快速修复自然生态环境和当地社区居民的生计能力，另一方面提升旅游地的"造血"能力，使自然环境自身的受损程度不断降低，修复能力不断提升。这就需要旅游地优化旅游生态补偿技术保障体系，采用先进的新能源技术、低碳技术等降低碳排放，实现减排目标，在旅游地逐渐形成绿色发展方式，因此旅游地可以从加强新能源应用、推行旅游碳排放补偿计划和提供绿色旅游服务等方面优化技术保障体系。

7.4.3.1 加强旅游设施的新能源应用

旅游设施涉及能源使用的系统有供水系统、污水处理系统、通信系统、娱乐设备、景观设备、管理中心、餐饮设施、住宿设施、购物设施和休憩设施等。应根据自然旅游景区设施的功率需求特性匹配最佳的新能源供电系统，进而降低景区的传统能源消耗量，减少碳排放量，增加自然生态系统的修复能力。同时，应尽量减少对自然景区原生态的破坏，保持旅游发展的可持续性。

(1)休憩设施。在旅游景区，每隔一段距离就有休憩设施，以满足游客驻足观光、歇脚休息、手机充电等用途。这些设施往往比较分散而且通常只在游客游览时使用，因此它们适宜采用新能源供电方式。这样既可以节省因供电而产生的前期建设费用，又可以保护景区环境不被破坏，还可以增加其建设和使用的灵活性。休憩设施建设的好坏和数量往往影响游客游览的满意度和舒适度。例如，对老年人来说，他们在游览景区时，通常需要走走停停以节省体力、放松腿脚，因此建设适当数量且涵盖整个景区的休憩设施可以增加他们的舒适度。目前对中国的主要景区来讲，老年游客数量庞大而且相对稳定，因而他们的满意度占整个景区满意度的比重较大。对于年轻人来说，手机是他们重要的随身工具，但随着手机的超负荷使用，手机充电是一个亟待解决的问题，因此在各个休憩点设立手机充电平台具有较为广阔的商业前景，而且可以增加游客的满意度。对这些充电平台可以采用光伏发电系统搭配蓄电池实现。

(2)娱乐设备。景区娱乐设备经常建在游客较为集中的地方，如游客接送中转站、住宿设施或者游客中心附近，它们的供电可以根据娱乐设备的使用时段来进行设计。如果娱乐设备主要是供游客在白天游览时使用，则可以采用以新能源供电为主、以市电为辅的互补供电模式。这样既不必投入大量成本来应对客流量大带来的压力，也可以保证供电的稳定性和灵活性。对于供游客在晚上使用的娱乐设备，则采用市电供电方式。同时还应考虑设备所处地段，如果景区娱乐设备在偏远区域，则应采用新能源供电方式，并搭配适当数量的蓄电池进行电能储存和供给。

(3)景观设备。旅游景区的某些景观设备工作时需要供电，如果该设备主要在白天工作，则选择新能源系统搭配蓄电池供电，尤其在供电不便的高山、密林和山谷里；如果该设备主要工作于晚上，且供电较方便，则应选择市电作为主要能源。

（4）景区配套设施。管理中心是整个旅游景区的管理中枢，通常设置在游客中心附近，人员较多，用电量大。而且，客流量的大小对用电量影响较大。考虑到用电往往集中在客流较大的白天，因此应以新能源供电为主、以市电为辅。

（5）餐饮设施。餐饮设施是旅游景区的一个重要部分，其主要体现形式包括酒店、饭庄以及农家乐等。大中型酒店和饭庄往往设置在游客较为集中的游客中心和中转站，而小型酒店、饭庄以及农家乐往往分布在景区各个区域。无论它们的规模大小，其能源使用的主要特点是需求时间段相对固定，即主要集中在中午和晚上。这一用电特点决定了它们的基本能源供给结构应该是新能源和市电互补的形式，即白天采用以新能源为主的供电模式，晚上采用以市电为主的供电模式。在偏远区域则采用"新能源+蓄电池"的供电结构以节约供电成本。同时，应根据客流量灵活配置足够蓄电池容量以满足晚上供电的需求。

（6）住宿设施。住宿设施在景区主要是以各式各样的酒店形式体现的，它们的能源使用往往集中在傍晚以后。游客游览一天后身体疲惫，急需休息补给，因此此时的用电负荷往往较大。其能源供给模式通常应以市电为主，在偏远区域，则必须配置足够蓄电池以满足游客需求。如果该区域晚上风力资源丰富，则应采用以风力供电为主，以蓄电池为辅的供电形式。但考虑到风力发电的间歇不稳定性，通常必须配备足够的蓄电池。

（7）购物设施。购物设施在景区主要分为大型、小型和微型三种。大型购物设施主要集中在游客中心和中转中心，这些地区供电比较方便，可以采用新能源和市电互补系统供电，优先采用新能源，不足时采用市电供给。对于小型购物实施，如果地处中心，可以采用大型购物设施相同的供电方式。如果地处偏远区域，则应以新能源供电为主，以节省前期建设成本。微型购物设施（如常见的自动售货机）是大型景区常见的一种购物体验，安装灵活、成本低廉且维护简单，深受商家青睐。它们往往安放在偏远地域，通常采用自动售货方式。实际运行中，搭配适当的休憩设施往往起到非常满意的消费效果。这些设施通常应采用供电稳定的光伏系统供电。

（8）供水系统。自然旅游景区多在偏远农村或者高山之巅，所谓"无限风光在险峰"，因此传统的自来水系统往往鞭长莫及。这些旅游景区为了解决供水问题，往往自己搭建供水系统。同时，由于很多旅游景区在高山之巅的缺水区域，因此必须采用能耗较大的梯级抽水系统。

（9）污水处理系统。污水处理主要包括两个方面：第一，在游客中心、住宿设施处或者较大餐饮企业可以构建较大的污水处理设施，以防止污水对景区环境的污染。第二，在景区中，公共厕所、简单的休憩场所以及小型餐饮企业会产生少量的污水，此时可以采用简单污水处理设施进行简单处理，做到废物循环利用。针对第一种情况，如果这些设施已经架设市电，由于耗电量大，可根据用电特性采用市电和新能源发电互补的供电方式。例如，游客中心和大型餐饮企业受客流量影响较大，但用电量大时刚好是光伏发电量最大时，因此可以采用以光伏发电优先，游客量大时由市电进行补充的策略。大型住宿设施用电主要集中在早晚，此时光伏发电量较小，因此以市电为主，以新能源供电为辅。风力发电系统的使用要结合不同景区具体的风力资源考虑。针对第二种情况，一方面由于游客主要集中在天气较好的上午、中午和下午，这非常适合光伏发电系统的应用；另一方面为了避免传统供电的高昂建设成本及环境破坏，采用光伏系统供电是最稳定可靠、节能环保的供电方式。考虑到光伏系统的间歇不稳定性，风力系统可以作为替补能源。当然，对于风力比较稳定的地方，可以采用风力发电搭配蓄电池的供电模式。

（10）通信系统。通信系统主要包括移动电话通信系统、监控信号通信系统和紧急通信系统。移动电话通信系统往往由移动通信公司设计、建造和维护，因此在此仿真系统中不予考虑。监控信号通信系统则由景区建设和维护，它们往往需要 24 小时工作，以保证监控的完整性和不间断性，因此稳定和连续是它们对供电的基本要求。同时，为了减少建设成本和环境破坏，并保证安装地点选择的灵活性，应采用光伏系统和蓄电池结合的供电方式。此时，为了保证充足的电能储备，设计光伏系统容量时必须留有足够余量。监控系统往往设置在微型购物点、休憩点和危险地段，以方便景区进行管理。紧急通信系统必须保证供电的稳定性和连续性，因此在偏远区域必须采用充足的"光伏+蓄电池"系统，而在集中区域采用"市电+蓄电池"的供电形式。

7.4.3.2　推行旅游碳排放补偿计划

旅游碳排放补偿计划实施的主体是旅游者，目的是补偿旅游过程中的碳排放对生态系统的影响，方式是通过种植或者购买碳汇树。参与碳排放计划的游客日益增加，原因在于低碳环保的大潮流影响了人们的思维和行为模式，这有利于旅游地的生态文明建设。基于这一发展趋势，旅游景区可以根据自身特点推行碳排放补偿计划，引导游客积极主动参加计划，最终目的是实现低碳旅游。

同时也可以依托自然旅游地的良好环境条件建立碳汇及碳交易市场。有些企业需要购买碳排放指标，因此自然旅游地可以通过出售碳排放指标来获取资金。在碳交易市场上融资，既能补充财政资金的不足，又能进一步提升游客的环境保护意识，还能争取国家财政资金更多的支持。

7.4.3.3 提供绿色旅游服务

除了采用新能源和减排新技术，自然旅游地还应向旅游者提供绿色旅游服务。绿色旅游服务包含绿色餐饮、绿色住宿、绿色出行等。自然旅游地应打造绿色餐饮住宿服务，设备设施使用新型清洁能源，加强改造不符合低碳要求的旅游酒店。引导游客使用可循环利用餐具，减少一次性餐具使用，严禁旅游企业提供一次性餐具；支持餐饮企业改良菜品，引导游客低碳饮食；引导游客自备洗漱用品，不允许自然旅游区内住宿业提供一次性洗漱用品，减少环境压力；引导游客景区内步行或骑行，减少机动车出行，景区内部交通体系不断完善，提供环保景交车，便捷游客出行，同时降低碳排放量。对严格执行绿色服务的开发经营商给予减免税费，对拒不执行绿色服务的开发经营商给予严厉处罚，甚至取消其景区内经营资格。

7.4.4 完善旅游生态补偿监督保障体系

旅游生态补偿机制包含补偿主体、补偿对象、补偿标准和补偿路径等多个构成要素，利益关系复杂，因此在实施旅游生态补偿制度时必须保障旅游机制的健全性和运作的规范性，这就要求构建完善的旅游生态补偿监督保障体系。中国整体监督保障体系完整，包括立法监督、司法监督、行政监督和社会监督等，但在旅游生态补偿领域监督体系还未能发挥应有的作用，仍然存在监督力度不够、覆盖面不全等问题。旅游生态补偿还没有专门的法律制度，多是在环境保护、生态建设等相关法律中作为相关者出现，监督的立法依据不足，因而造成旅游生态补偿监管力度不够的局面，影响了旅游生态补偿机制运行的效率。在旅游生态补偿领域，要切实发挥不同监督主体的作用，使旅游生态补偿政策落到实处，保护生态环境和当地社区居民利益。立法监督的作用体现在法律制度的保障层面；司法监督的作用主要体现在利益纠纷的处理和协调方面；行政监督在旅游生态补偿中要发挥更加重要的作用，因为基于目前旅游生态补偿专项法律的缺失，这一领域的立法监督和司法监督作用相对有限，因此应加强政府部门的行政管理和监督，尤其涉及补偿资金的使用和实物补偿问题；社会监督发挥作用的领域广，可以有效地完善监督保障体系。

生态环境质量与每一个人都密切相关，因此社会公众是旅游生态补偿机制运行的重要监督者，完善的社会监督也是旅游生态补偿机制得以顺利实施的重要保障，旅游区所在的地方政府可以根据需要制定可行性措施，引导社会公众参与到生态文明建设中。在当前互联网+时代的大环境下，可以充分利用互联网的便利，在网络上建立社会监督平台，鼓励社会公众认识生态补偿并监督生态补偿；同时可以利用平台宣传生态补偿相关政策并适时回答社会公众关心的环境问题。设立建议系统或热线，设置部分资金鼓励社会公众主动曝光影响旅游生态补偿和生态文明建设的行为，使生态文明建设成为社会公众的共识和惯性。

7.5 本章小结

本章基于旅游生态补偿效率的评价，从旅游生态补偿的要素机制、管理机制和保障机制等方面探索优化旅游生态补偿机制的路径。本章重点研究了如何优化中国旅游生态补偿机制，首先，确定旅游生态补偿机制设计的基本原则是价值取向和目标定位要准确，即终极目标是实现旅游地自然生态和旅游产业的可持续发展，打造循环经济；当前旅游生态补偿的基本模式是政府主导、市场调节和社会参与并行；坚持权责统一、动态监管和多元补偿相结合的执行方式。其次，提出优化旅游生态补偿的要素机制，明确旅游生态补偿主客体的权责关系，科学核算补偿标准，特别注意针对游客采用条件价值评价法了解其支付意愿和支付标准，并且合理选择可行的旅游生态补偿方式，从补偿主体、补偿对象、补偿标准和补偿方式四个最基本的构成要素角度优化旅游生态补偿机制设计。再次，从决策规划机制、利益协调机制、效率评估机制和社会参与机制四方面探究完善旅游生态补偿的管理机制，提高运行效率。最后，探索旅游生态补偿机制的保障体系，因为对于生态系统保护而言，技术保障方案可操作性强且作用显著，因此单独研究了如何应用新能源技术、碳交易方案等降低旅游地的污染，从治到防，提高旅游生态保护的效率，之后从法律保障体系、资金保障体系、监督保障体系建设等方面探索旅游生态补偿机制的不断优化。

8 研究结论与政策建议

8.1 研究结论

通过以上章节内容，本书得出以下七个方面的结论：

(1)旅游发展环境代价认识存在偏差。旅游不可持续发展的根本原因在于对旅游发展环境代价的认识存在偏差，在旅游实践中忽视旅游环境成本的核算和管理，导致旅游环境成本外部化。

传统观点认为，旅游资源属于大自然的产物和前人历史遗存的结晶，因此旅游资源是无价或者低价的，旅游活动引发的环境成本也属于外部性成本，没有纳入宏观和微观决策框架。从理论上分析，旅游环境成本的本质属性主要表现在外部性领域。旅游经营活动的外部影响没有实现内生化，旅游所引发的环境影响由社会和其他个体承担，旅游经营者仅承担其实际支付的成本，旅游活动的外部环境成本没有得到补偿，以此为基础核算的旅游经济效益不能反映实际状况。日积月累的长期影响会对生态系统造成不可逆的干扰，如果不加重视，必将造成旅游生态系统恶化甚至崩溃的结果，影响到旅游经济的可持续发展。

(2)旅游资源无价或低价局面存在。长期存在的旅游资源无价或低价局面导致旅游资源的掠夺性开发行为，造成了资源浪费和环境破坏。

中国目前没有建立完善的旅游资源市场交易体系，大多旅游资源无价或者低价转让给旅游经营者，缺乏科学合理的旅游资源评价方法，有关旅游资源的法律法规体系不完善，这些因素综合作用导致旅游资源无价或者低价局面的出现。旅游相关利益主体如政府管理部门、旅游经营者在经济利益的驱使下，掠夺性地开发旅游资源，忽视旅游资源价值的存在，对开发旅游资源的环境影响和机会成本重视不足，由此导致一系列的环境问题，危及旅游产业的可持续发展。

(3)旅游环境容量具有价值属性。旅游环境容量具有价值属性，旅游经营者依托旅游资源获取经济效益，应该为使用旅游资源环境容量付费。

旅游环境容量由于同时具备稀缺性和有用性，必然具有价值属性，应有其自身的价格。因此，旅游经营者不仅要支付污染环境的费用，还要支付使用环境容量的费用。

(4)代际存在悖论问题。代际问题在理论和实践中呈现冲突的状态，即所谓代际悖论问题。

基于现实中环境问题的严重性，学者多角度研究了环境问题的外部性与代际公平，但没有解决代际的确定，选择什么基准作为代际的标准在理论和现实中呈现一种冲突的状态。本书使用双重有区别的旅游管理模式来解决代际悖论，以实现旅游可持续发展和代际公平的目标。

(5)旅游循环经济是实现旅游可持续发展的发展模式。旅游循环经济的产生背景是传统旅游发展模式所存在的弊端和带来的负面效应，引发了旅游发展模式的变革。传统线性旅游发展模式指导下的旅游活动引发了各种类型的环境问题，对旅游可持续发展造成了不利的影响。必须摒弃传统旅游线性发展模式，推行旅游循环经济，从源头上减少旅游经济对资源的投入要求，在经营过程中实现旅游资源的循环利用，从末端实现旅游资源的再利用，这同循环经济的基本原则是一致的。旅游循环经济本质是对旅游生产方式的调整，追求旅游可持续发展的目标，是实施旅游可持续发展的有效途径，旅游循环经济从实践上支持了旅游可持续发展理论。

(6)旅游规划的不科学带来不利影响。旅游开发的相关主体如经营者、规划者、政府管理部门等在旅游开发可行性研究、旅游规划、市场调研等环节，受传统经济发展观的束缚，忽视旅游资源保护，在规划过程中主要把经济效益放在首位，忽视对社会效益、生态环境效益的研究与考察，较少关注旅游开发项目对环境影响的评估，或者即使考虑到环境影响，也仅局限于提出一些原则性的要求，缺乏可操作性的建议和措施，导致在开发前就进入一个误区。在不科学规划指导下的旅游开发，必将对环境造成不可估量的、潜在的负面影响。

(7)旅游环境成本约束软化。传统企业在技术约束、成本约束和市场约束三者的共同作用下做出自己的决策，三种约束中任何一种得不到满足，企业生产就无法持续下去。中国并没有完全建立旅游环境成本内生化的机制，在旅游资源评估中也没有体现出环境容量的价值，造成旅游企业不考虑环境成本，对资源掠夺性开发利用，不能实现旅游的可持续发展。因此必须建立旅游环境成本内生化的机制，给旅游经济活动附加一个新的约束条件即环境约束，实现旅游经济的可持续发展。

8.2　政策建议

针对以上研究结论，本书提出如下政策建议：

8.2.1 实现旅游环境成本内生化的目标

建立涵盖旅游环境成本的核算体系，合理核算旅游活动造成的环境成本。实现旅游环境成本内生化的目标是确保旅游业的可持续发展，这涉及将环境成本计入旅游企业的经济决策中，从而促进对环境友好型旅游活动的偏好。①成本约束的企业运作动因。在实践领域，旅游产业生态化的企业运作根本动因在于对成本的约束，对生态环境进行内生化的成本核算处理是旅游企业实施生态化的基本判据。②生态经济价值理论。研究将人类劳动向生态系统延伸而形成的生态经济价值理论，建立旅游生态环境成本与旅游生态经济价值的对应关系，将生态环境成本与经济价值、人类劳动关系结合起来，为建立生态环境成本内生化模型奠定了理论基础。③外部成本效应理论。以外部成本效应理论为研究起点，论证并分析出通过税费手段摊派外部环境成本的缺陷，建立了旅游产业生态化过程中环境成本低代价内生化应用模型。④产权理论。根据产权理论，总结出政府为旅游产业生态化的战略发展进行必要干预和调控的具体思路。⑤旅游可持续发展指标体系。构建旅游业可持续发展的指标体系，包括社会、经济和环境三个维度的目标，以全面衡量旅游业的可持续发展水平、能力与协调性。⑥旅游技术效率与绿色生产率。研究旅游技术效率、旅游绿色生产率的收敛性及其影响因素，以促进旅游生态文明建设和旅游经济高质量发展。⑦旅游生态环境成本内生化。对生态环境成本进行内生化处理，确保旅游产业的生态化转型，通过合理的成本核算，促进旅游产业的可持续发展。

通过这些措施，可以更好地管理旅游环境成本，促进旅游业的绿色发展，并实现经济、社会和环境的协调发展。

8.2.2 建立完善的旅游资源市场体系

取消旅游资源的无偿使用制度，并建立完善的旅游资源市场体系，是实现旅游资源合理配置和可持续利用的重要措施。以下是一些关键策略：①制度改革。逐步取消对旅游资源无偿或低价使用的制度，确保资源使用能够反映其真实价值和稀缺性。②市场定价。通过市场机制确定旅游资源的使用价格，反映资源的供需关系、环境成本和开发成本。③产权明晰。明确旅游资源的产权归属，包括所有权、使用权和管理权，为市场交易提供法律基础。④交易市场建设。建立旅游资源交易市场，提供交易平台和机制，促进资源的合理流动和优化配置。⑤法律法规。制定和完善有关旅游资源市场交易的法律法规，规范市场行为，保障交易公平、公正、透明。⑥环境成本内生化。将环境成本计入资源使用成本中，确保资源开发利用的外部性得到内部化处理。⑦生态补偿机制。建立生态补偿机制，对于保护和改善旅游资源环境的行为给予经济补偿或奖励。⑧税收和收费政策。通过税收和收费政策调节资源使用，如征收资源税、环保税等，引导企业和个人合理使用资源。⑨信息公开和公众参与。加强旅游资源信息的公开透明，鼓励公众参与资源管理决策，提高资源利用的公众监督。⑩技术创新和推广。鼓励采用环保和高效的技术，提高旅游资源的开发利用效率，减少对环境的负面影响。⑪区域协调发展。考虑地区差异，制定差异化的资源管理策略，促进区域之间的协调发展。⑫国际合作。加强国际交流与合作，引进先进的旅游资源管理经验和技术，提升国内旅游资源市场体系的建设水平。⑬监管和执法。加强监管和执法力度，确保各项政策措施得到有效执行，防止资源的过度开发和浪费。

通过这些措施，可以促进旅游资源的有偿使用，提高资源利用效率，保护旅游环境，实现旅游业的可持续发展。

8.2.3　实时监控旅游环境容量

本书提出旅游资源环境容量价值化的观点，认为应对旅游环境容量实时监控，防患于未然。主张采用存量和流量控制、监测的方法，旅游经营者应该为使用旅游环境容量付费，以此来筹措旅游环境保护治理的部分资金，实现可持续发展的目标。建立旅游环境容量监控制度和环境质量监测制度，通过对旅游环境容量和环境质量的实时监控，及时发现旅游发展对环境的影响，有利于提前采取行动，避免环境质量进一步恶化。

实现旅游环境容量的实时监控是确保旅游业可持续发展的重要手段。以下是一些关键策略和实践案例：①GIS 与 RFID 技术。利用地理信息系统(GIS)和射频识别技术(RFID)来实现对景区环境现状容量的实时监测。通过 GIS 平台，结合 RFID 技术采集游客位置信息，可以对景区的环境容量进行有效控制，保护景区生态，实现可持续发展。②5G 技术支持。基于 5G 技术的景区无线智能视频监控系统，利用 5G 网络的高速、低延迟、高容量特性，实现对景点的实时监测和远程控制。5G 技术保证了监控数据的实时性和稳定性，使监控系统能够及时发现和应对景点的异常情况。③视频图像处理技术。系统采用先进的视频图像处理算法，对监控终端采集到的视频进行实时分析和处理。通过目标检测、运动跟踪等技术，系统能够准确地识别和跟踪景点中的关键设备和人员，实现对其状态和行为的监测。④数据融合与分析技术。将视频和环境数据进行融合，通过大数据分析和机器学习算法，实现对景点的全面监测和预测。系统可以根据历史数据和模型预测，提前发现潜在的问题，并做出相应的调整和优化。⑤智慧旅游监管体系。推进监督业务全量覆盖、监管信息全程跟踪、监管手段动态调整的智慧旅游监管体系。通过智慧旅游的发展，预订住宿、机票等服务更加便利，提升游客的旅游体验。⑥旅游市场数据监测。持续开展旅游市场数据监测工作，加强分析研判，提高政策措施的科学性、精准性和针对性。通过数据监测分析，可以更好地了解旅游市场的需求和供给，优化旅游服务。⑦优化旅游消费服务。推动优化景区预约管理制度，准确核定景区最大承载量，进一步提升便利化程度。优化消费场所空间布局，完善商业配套，建立健全质量分级制度，促进品牌消费、品质消费，切实提升游客消费体验。⑧旅游环境容量的实时监控系统。建立基于 RFID 的旅游环境现状容量实时监控系统，通过 GIS 平台和 RFID 技术，实现对景区环境容量的实时监测和有效控制，保护景区生态，实现可持续发展。

通过这些措施，可以更好地管理旅游环境容量，确保旅游业的可持续发展，同时提升游客的旅游体验和满意度。

8.2.4 构建旅游资源双重管理模式的基本框架

针对代际悖论问题，本书尝试提出一种替代的解决方案。

通过对旅游资源双重属性和利用情况的分析，从中找出基本的规律，为旅游资源双重管理模式奠定了理论基础，从使用价值管理和价值管理两个方面研究旅游资源双重管理模式的基本框架。应注意以下几点要求：①旅游环境成本要实现内生化，成为企业成本的有机组成部分。②旅游环境成本分为资源使用成本和环境保护治理成本。③当旅游资源价值和使用价值管理的指标出现相互矛盾的结论，应以旅游资源使用价值管理的指标为准，因为该指标反映了旅游活动对环境的影响，直接决定了旅游经济效益的实现，是根本性指标和评价标准。④政府主导与市场参与，政府通过制定相关政策和法规，对旅游资源的权力归属进行清晰界定，规范旅游景区开发行为。同时，鼓励市场主体参与旅游资源的开发和管理，形成政府主导、企业主责、社会参与的管理模式。⑤旅游资源管理策略。在旅游资源管理中，需要明确管理目标，强化资源管理特色，坚持资源管理综合导向，突出资源表现个性优先。⑥旅游资源管理内容。旅游资源管理包括计划、组织和控制三个环节。计划管理涉及调查分析旅游资源现状，确定管理目标和战略；组织管理要求建立相应的管理机构和实施机制；控制管理则包括预测、监测和反馈，确保管理的科学性和规范性。⑦旅游资源管理原则。在旅游资源管理过程中，应坚持明确管理目标、强化资源管理特色、整体系统管理、规范管理操作、保持个性、依据法规管理、动态发展和可持续发展等原则。

8.2.5　构建旅游循环经济发展框架

宏观角度：①取消旅游资源的无偿使用制度，建立合理的旅游资源交易市场和价值评估体系。②制定切实可行的经济政策。③建立完善的法律法规体系。④加强旅游规划的管理和研究。

中观角度：①建立运作状况良好、健全合理的旅游行业协会。②加强旅游行业同相关行业的联系，建立旅游行业外的循环经济体系。③加强旅游企业间的联系和合作，建立旅游行业内的循环经济体系。

微观角度：①微观供给主体——旅游循环经济创新主体的建立。②微观需求主体——旅游者观念变革。

8.2.6　加强旅游规划的科学性

目前中国旅游规划市场日益完善，但是规划主体局限在政府部门、开发商、相关研究部门，旅游者和旅游目的地社区居民被排除在外，偏重经济效益，忽视环境效益和社会效应。需要建立涵盖所有旅游相关主体的规划制度，充分考虑市场弱势群体的利益，重视环境保护，为旅游可持续发展和循环经济创建良好的制度环境和指导方针。

加强旅游规划的科学性是实现旅游业可持续发展的关键，应从以下方面加强旅游规划的科学性：①资源评估与保护。对旅游资源进行全面评估，确定其价值、特色及潜在的开发价值，同时评估资源的脆弱性和保护需求。②市场研究。深入分析旅游市场趋势和消费者需求，包括潜在游客的偏好、旅游消费行为等，以市场为导向进行规划。③环境影响评估。在旅游规划过程中进行环境影响评估，预测旅游活动对目的地环境可能产生的影响，并制定相应的缓解措施。④规划目标与愿景。明确旅游规划的目标和愿景，确保规划与地方社会经济发展目标和环境保护要求相协调。⑤多规合一。将旅游规划与土地利用规划、城乡规划、交通规划等其他规划相融合，实现多规合一，提高规划的综合性和协调性。⑥社区参与。鼓励当地社区参与旅游规划过程，确保规划考虑到当地居民的利益和需求，提升规划的社会接受度。⑦智慧旅游。利用信息技术，如大数据分析、人工智能等，提高旅游规划的智能化水平，实现精准规划和管理。⑧弹性规划。制定具有弹性的旅游规划，能够适应市场变化和不可预测事件，如自然灾害、经济波动等。⑨法规与政策支持。制定相应的法规和政策，为旅游规划提供法律支持，确保规划的实施效果。⑩人才培养与专业团队。加强旅游规划人才的培养和专业团队的建设，提升规划的专业性和科学性。⑪持续监测与评估。建立旅游规划的监测和评估机制，定期对规划实施效果进行评估，及时调整和优化规划方案。⑫风险管理。识别旅游规划和实施过程中可能遇到的风险，制订风险管理计划，减少不确定性和潜在损失。⑬国际合作与交流。加强与国际旅游组织和其他国家的合作与交流，学习借鉴先进的旅游规划理念和经验。⑭文化与遗产保护。在旅游规划中注重文化和遗产的保护，避免过度商业化，保持目的地的独特性和吸引力。

通过以上措施，可以提高旅游规划的科学性，促进旅游业的健康发展，同时保护旅游目的地的环境和社会文化资源。

8.2.7　将旅游环境成本约束纳入旅游企业的决策框架

将旅游环境成本约束纳入旅游企业的决策框架，加强旅游环境对企业决策的制约。本书给出两种总体备选方案：一是旅游环境成本内生化，使之成为旅游企业成本的一个组成部分，环境约束隐含在成本约束的框架内，即涵盖旅游环境成本的成本约束、技术约束和需求约束三种约束形式。二是把旅游环境约束单列，同技术约束、成本约束、需求约束一起发挥对旅游企业的约束作用。

将旅游环境成本约束纳入旅游企业的决策框架是推动旅游企业可持续发展的重要策略。①环境成本识别。识别旅游活动对环境造成的影响，并评估相关成本，包括资源消耗、污染排放、生态破坏等。②成本内生化。将环境成本纳入企业的成本核算体系，确保所有经济活动都考虑到环境因素。③决策框架调整。调整企业决策框架，确保环境成本成为投资决策、运营管理和战略规划的重要考量因素。④环境影响评估。在项目启动前进行环境影响评估，预测项目对环境的潜在影响，并制定相应的缓解措施。⑤绿色供应链管理。建立绿色供应链，选择环保的供应商，优化物流和采购流程，减少整个供应链的环境影响。⑥环境绩效指标。设定环境绩效指标，如碳足迹、能源消耗、废物产生等，并将其纳入企业的关键绩效指标(KPI)。⑦法规遵守与标准制定。遵守相关的环境保护法规和标准，积极参与行业环境标准的制定和更新。⑧技术创新与研发。投资于清洁技术的研发，采用节能减排的新技术和设备，提高资源利用效率。⑨员工培训与文化建设。对员工进行环保意识培训，建立绿色企业文化，鼓励员工参与环境保护活动。⑩利益相关者沟通。与投资者、客户、社区居民等利益相关者进行沟通，传达企业的环境责任和可持续发展目标。⑪风险管理。评估环境风险，制定风险管理计划，包括应急预案和风险缓解措施。⑫财务激励与政策利用。利用政府提供的环保税收优惠、补贴等激励政策，降低企业的环境成本。⑬可持续旅游产品开发。开发符合可持续发展理念的旅游产品和服务，满足市场对环保旅游的需求。

⑭监测与报告。建立环境监测体系，定期发布环境报告，公开企业的环境保护进展和成效。⑮社区参与与合作。与当地社区合作，参与社区的环境保护项目，提升企业在当地的社会责任形象。

通过这些措施，旅游企业不仅能够提高自身的环境绩效，还能够在市场中建立积极的品牌形象，吸引更多注重绿色、健康的消费者，从而获得持续性的竞争优势。

参考文献

［1］Baumol W J, Oates W E. The Theory of Environmental Policy ［M］. New York: Cambridge University Press, 1988.

［2］Lindberg K. Policies for Maximizing Nature Tourism's Ecological and Economic Benefits ［M］. Washington DC: World Resource Institute, 1991.

［3］Li Z Y. The Boundary and Object for Evaluation on Environmental Cost for Commercial Plantation ［J］. Chinese Forestry Science and Technology, 2002, 1(3): 60-65.

［4］Markandya A, Pearce D W. Environmental Consideration and the Choice of the Discount Rate in Developing Countries ［M］. Washington DC: World Bank Group, 1988.

［5］Murphy P E. Tourism: A Community Approach ［M］. London: Methuen, 1985.

［6］Ravenstein E G. The Laws of Migration［J］. Journal of the Statistical Society, 1885, 48(2): 167-227.

［7］World Commission on Environment and Development (WCED). Our Common Future: Report of the World Commission on Environment and Development ［M］. Oxford: Oxford University Press, 1987.

［8］埃瑞克·G. 菲吕博顿, 鲁道夫·瑞切特. 新制度经济学［M］. 孙经纬, 译. 上海: 上海财经大学出版社, 1998.

［9］曹凤中. 环境成本内在化的数学模型及其对贸易与环境的影响［J］. 中国环境科学, 1996(4): 302-306.

［10］曹新向, 姬晓娜, 安传艳. 基于生态足迹分析的区域旅游可持续发展定量评价研究——以开封市为例［J］. 环境科学与管理, 2006(6): 133-136.

［11］陈砺. 新疆石河子地区旅游资源价值评价研究［J］. 干旱区资源与环境, 2010, 24(3): 131-134.

［12］崔凤军, 许峰, 何佳梅. 区域旅游可持续发展评价指标体系的初步研究［J］. 旅游学刊, 1999(4): 42-45.

[13]崔也光，周畅，王肇.地区污染治理投资与企业环境成本[J].财政研究，2019(3)：115-129.

[14]戴铜，刘凡琪，邱志勇.基于CVM的文化旅游资源非使用价值评估——以哈尔滨市道里区历史城区为例[J].当代建筑，2023(9)：70-74.

[15]戴立新，李美叶.外部环境成本内部化的经济学透视[J].中国管理信息化(会计版)，2007(2)：53-55.

[16]戴维·罗默.高级宏观经济学[M].王根蓓，译.上海：上海财经大学出版社，2003.

[17]但承龙.代际公平原则与可持续土地利用规划——南京市的实例研究[J].中国人口·资源与环境，2004(2)：100-104.

[18]董恒英，张玉荣.旅游环境成本视角的区域旅游环境承载力研究[J].黑龙江工业学院学报(综合版)，2018，18(1)：63-66.

[19]杜涛，白凯，黄清燕，等.红色旅游资源的社会建构与核心价值[J].旅游学刊，2022，37(7)：16-26.

[20]杜远林，钱妙芬，袁东升.城市发展对生态旅游环境影响的主成份回归分析[J].西南民族大学学报(自然科学版)，2005(5)：783-788.

[21]段显明，林永兰，黄福平.可持续发展理论中代际公平研究的述评[J].林业经济问题，2001(1)：58-61.

[22]冯尚友.水资源持续利用与管理导论[M].北京：科学出版社，2000.

[23]高峰，廖小平.论代内公平、代际公平与经济效率[J].江苏社会科学，2004(2)：48-52.

[24]高辉清.效率与代际公平：循环经济的经济学分析与政策选择[M].杭州：浙江大学出版社，2008.

[25]顾维舟.旅游资源价值分类初探[J].旅游学刊，1992(1)：41-44.

[26]国家林业局野生动植物保护司.自然保护区组织管理[M].北京：中国林业出版社，2002.

[27]何清宇，宋镇清.湖南省温泉旅游资源价值评估与价值实现[J].湖南医科大学学报(社会科学版)，2010，12(3)：72-74.

[28]洪开荣.代际公平原则与可持续消费博弈[J].消费经济，2006(3)：23-25.

[29]胡芬.旅游生态环境成本的内生化研究[J].中国人口·资源与环境，2009，19(1)：99-103.

[30]胡品平.生态旅游可持续发展困境：成因及治理——基于信息经济学的

分析[J]. 生态经济，2010(5)：114-118.

[31]胡雯，张毓峰. 都市旅游可持续发展的综合评价与提升策略：以成都市为例[J]. 天府新论，2011(3)：67-73.

[32]黄广宇，蔡运龙. 河北省经济增长的资源环境代价与可持续发展对策[J]. 世界地理研究，2002(3)：31+42-49.

[33]黄强叶. 旅游环境成本的经济学诠释[J]. 生态经济，2011(4)：130-133.

[34]黄强叶. 旅游环境成本内生化政策研究[J]. 天津商业大学学报，2011，31(3)：15-18.

[35]黄群芳，陆玉麒，陈晓艳. 旅游研究中的代际理论及其应用述评[J]. 热带地理，2018，38(1)：25-33.

[36]黄少安. 产权经济学导论[M]. 济南：山东人民出版社，1995.

[37]黄少安. 制度经济学研究[M]. 北京：经济科学出版社，2003.

[38]黄小晶，骆浩文，黄丽芸. 基于循环经济的城乡旅游产业链构建研究[J]. 广东农业科学，2008(12)：175-178.

[39]黄小平. 论代际外部性与旅游资源产权的代际分配[J]. 旅游学刊，2006(6)：73-76.

[40]黄又青，李余生，史海霞. "环境成本内在化"的主要障碍及对策分析[J]. 科技进步与对策，2007(3)：4-6.

[41]吉利，苏朦. 企业环境成本内部化动因：合规还是利益？——来自重污染行业上市公司的经验证据[J]. 会计研究，2016(11)：69-75+96.

[42]蒋洪强，徐玖平. 旅游生态环境成本计量模型及实例分析[J]. 经济体制改革，2002(1)：99-102.

[43]蒋焕洲，刘新有. 利益分配公平下的民族文化旅游可持续发展透视[J]. 资源开发与市场，2008(12)：1140-1142.

[44]蒋卫东. 荷兰环境成本核算实践及启示[J]. 中国矿业大学学报(社会科学版)，2002(1)：80-85.

[45]蓝虹. 环境产权经济学[M]. 北京：中国人民大学出版社，2005.

[46]雷明. 可持续发展下绿色核算——资源—经济—环境综合核算[M]. 北京：地质出版社，1999.

[47]李春晖，李爱贞. 环境代际公平及其判别模型研究[J]. 山东师范大学学报(自然科学版)，2000(1)：62-64.

[48]李凡. 基于环境成本视角的流域生态补偿核算研究[J]. 财会通讯，

2024(19)：100-103+165.

[49]李进兵. 利益相关者的利益分配与旅游可持续发展[J]. 经济问题，2010(8)：123-126.

[50]李克国，魏国印，张宝安. 环境经济学[M]. 北京：中国环境科学出版社，2003.

[51]李明辉. 环境成本的不同概念与计量模式[J]. 当代经济管理，2005(5)：76-81.

[52]李庆雷，明庆忠. 乡村旅游循环经济发展的实证研究——以昆明市西山区团结镇为例[J]. 西南林学院学报，2008(4)：32-36.

[53]李树峰，王潞. 基于旅游伦理的旅游可持续发展[J]. 学术界，2008(5)：218-222.

[54]李天元. 中国旅游可持续发展研究[M]. 天津：南开大学出版社，2004.

[55]李巍，王华东，姜文来. 可持续发展决策和评价中的代际公平问题研究[J]. 中国人口·资源与环境，1996(4)：44-48.

[56]李郁芳，孙海婧. 代际公平与代际公共品供给[J]. 广东社会科学，2009(3)：14-19.

[57]李志强，赵宁. 精准扶贫视角下重点生态功能区旅游生态补偿法律机制研究[J]. 江西理工大学学报，2017，38(6)：21-25.

[58]李仲广. 旅游经济学——模型与方法[M]. 北京：中国旅游出版社，2006.

[59]梁木梁，朱明峰. 循环经济特征及其与可持续发展的关系[J]. 华东经济管理，2005(12)：61-64.

[60]林南枝，陶汉军. 旅游经济学(修订版)[M]. 天津：南开大学出版社，2000.

[61]刘蓓. 完善我国生态补偿相关法律制度[J]. 边缘法学论坛，2020(2)：62-64.

[62]刘焕庆，谭凯，温艳玲. 生态旅游资源价值评价理论的研究趋势——以旅行费用法为中心[J]. 生态经济，2010(1)：110-113+117.

[63]刘江宜，倪琳. 环境成本的内在化问题[J]. 资源开发与市场，2007(5)：452-455.

[64]刘军，马勇. 旅游可持续发展的视角：旅游生态效率的一个综述[J]. 旅游学刊，2017，32(9)：47-56.

[65]刘君，王振. 循环经济理念下旅游景区生态环境保护研究[J]. 南方农

机，2021，52(22)：106-108.

[66]刘玲. 旅游环境承载力研究[M]. 北京：中国环境科学出版社，2000.

[67]刘青松，左平，邹欣庆，等. 发展生态旅游 推动循环经济发展——吴县市生态旅游模式设计[J]. 污染防治技术，2003，16(2)：6-9.

[68]刘文静，付传雄. 绿色低碳循环经济模式在农业生态旅游方面的应用探索——以清远市为例[J]. 农业与技术，2022，42(13)：167-170.

[69]刘昱，潘婷. 文化遗产地旅游者行为代际比较研究——以丝绸之路中国段为例[J]. 杭州电子科技大学学报(社会科学版)，2022，18(2)：29-35.

[70]楼旭逵，张美英，肖翎，等. 区域旅游可持续发展的三维分析[J]. 云南地理环境研究，2008(3)：108-110+115.

[71]鲁传一. 资源与环境经济学[M]. 北京：清华大学出版社，2004.

[72]陆丹丹，陈思源. 旅游地居民对生态补偿态度测量研究——以广西漓江流域为例[J]. 生态经济，2017，33(4)：154-159.

[73]罗佳明. 中国世界遗产管理体系研究[M]. 上海：复旦大学出版社，2004.

[74]罗丽艳. 自然资源参与分配——兼顾代际公平与生态效率的分配制度[J]. 中国地质大学学报(社会科学版)，2009，9(1)：24-29.

[75]罗艳玲. 河南省生态旅游资源开发潜力评价及可持续发展策略[J]. 中国农业资源与区划，2016，37(9)：40-47.

[76]马严，徐宝根. 生态旅游可持续发展的 Butler 模型定量分析[J]. 重庆环境科学，2001(5)：15-17.

[77]孟继民. 资源所有制论[M]. 北京：北京大学出版社，2004.

[78]苗俊美. 基于政企博弈视角的企业环境成本分析[J]. 财贸研究，2009，20(5)：154-156.

[79]明庆忠，陈英. 旅游产业可持续发展行动：旅游循环经济与产业生态化[J]. 旅游研究，2009，1(1)：32-38.

[80]明庆忠，李庆雷. 旅游循环经济学[M]. 天津：南开大学出版社，2007.

[81]莫莉秋. 海南省乡村旅游资源可持续发展评价指标体系构建[J]. 中国农业资源与区划，2017，38(6)：170-177.

[82]牟联浩. 基于 RMP 的绿色乡村旅游建设与可持续发展策略研究——以成都市温江区为例[J]. 现代农业研究，2024，30(7)：26-29.

[83]彭海珍，任荣明. 环境保护私人供给的经济学分析——基于一个俱乐部物品模型[J]. 中国工业经济，2004(5)：68-75.

[84]钱阔，陈绍志.自然资源资产化管理——可持续发展的理想选择[M].北京：经济管理出版社，1996.

[85]曲福田.资源经济学[M].北京：中国农业出版社，2001.

[86]R·科斯，A·阿尔钦，D·诺斯，等.财产权利与制度变迁——产权学派与新制度学派译文集[M].上海：上海三联书店，上海人民出版社，1991.

[87]任唤麟.跨区域线性文化遗产类旅游资源价值评价——以长安-天山廊道路网中国段为例[J].地理科学，2017，37(10)：1560-1568.

[88]任现增.西部旅游可持续发展的价值因子分析[J].特区经济，2009(9)：138-140.

[89]任以胜，陆林，韩玉刚.新旅游资源观视角下旅游资源研究框架[J].自然资源学报，2022，37(3)：551-567.

[90]任毅，刘薇.市场化生态补偿机制与交易成本研究[J].财会月刊，2014(22)：109-112.

[91]世界自然保护同盟，联合国环境规划署，世界野生生物基金会.保护地球——可持续生存战略[M].国家环境保护局外事办公室，译.北京：中国环境科学出版社，1992.

[92]舒小林，明庆忠，毛剑梅，等.生态旅游、旅游循环经济和旅游可持续发展[J].昆明大学学报，2007(2)：55-59.

[93]宋冬林，汤吉军.从代际公平分配角度质疑新古典资源定价模式[J].经济科学，2004(6)：112-121.

[94]宋松，张建新，温丽娟，等.基于"5R"理念的旅游循环经济评价指标体系初探——以中山陵景区为例[J].经济地理，2009，29(6)：1024-1028.

[95]宋旭光.代际公平的经济解释[J].内蒙古农业大学学报(社会科学版)，2003(3)：6-8.

[96]孙静，余林，杨丽春.基于循环经济的镜泊湖风景区旅游资源评价研究[J].哈尔滨商业大学学报(社会科学版)，2008(4)：108-112.

[97]孙九霞，王淑佳.基于乡村振兴战略的乡村旅游地可持续发展评价体系构建[J].地理研究，2022，41(2)：289-306.

[98]谭科，曹薇.基于模糊分析法的烟台旅游可持续发展研究[J].中国商贸，2010(17)：145-146+148.

[99]唐留雄.现代旅游产业经济学[M].广州：广东旅游出版社，2001.

[100]唐莎.基于循环经济理论的低碳旅游模式探讨——以广西田阳露美片区为例[J].村委主任，2023(12)：93-96.

[101]唐善茂，张瑞梅．区域旅游可持续发展评价指标体系构建思路探讨[J]．桂林工学院学报，2006(1)：143-147.

[102]唐玉芝，邵全琴，曹巍，等．基于物质量评估的贵州南部地区生态系统服务及其县域差异比较[J]．地理科学，2018，38(1)：122-134.

[103]陶晨璐，刘思彤，程宝栋．环境成本内部化对财务绩效、环境绩效的影响——以造纸行业为例[J]．林业经济，2017，39(5)：71-78.

[104]陶婷芳，田纪鹏．特大城市环城游憩带理论与实证研究——基于上海市新"三城七镇"旅游资源价值的分析[J]．财经研究，2009，35(7)：110-121.

[105]田里．区域旅游可持续发展评价体系研究——以云南大理、丽江、西双版纳为例[J]．旅游科学，2007(3)：44-51+71.

[106]田孝蓉．旅游经济学[M]．郑州：郑州大学出版社，2006.

[107]王锋．生态环境成本与企业内部化的博弈探析[J]．天津大学学报(社会科学版)，2008(5)：393-396.

[108]王晗，周健．"双碳"背景下新疆旅游循环经济体系的协调关系研究[J]．当代经济，2023，40(5)：66-74.

[109]王洪兵，汤卫东，范飞虎．体育旅游资源开发的代际公平内涵[J]．成都体育学院学报，2019，45(6)：33-38.

[110]王良健．旅游可持续发展评价指标体系及评价方法研究[J]．旅游学刊，2001(1)：67-70.

[111]王普查，董阳，宿晓．基于循环经济的企业环境成本控制研究[J]．生态经济，2013(9)：116-120.

[112]王松霈．生态经济学[M]．西安：陕西人民教育出版社，2000.

[113]王天兰．环境成本与消费者环境税[J]．兰州教育学院学报，2008(2)：38-40+43.

[114]王昕，高彦淳．区域旅游可持续发展力评价指标体系构建与评价实证研究[J]．经济问题探索，2008(1)：137-140.

[115]王云才．乡村景观旅游规划设计的理论与实践[M]．北京：科学出版社，2004.

[116]王赞红．实施环境成本内在化与森林旅游持续发展[J]．生态经济，2001(7)：10-12.

[117]韦绍兰，唐灵明，王金叶，等．基于AHP的广西恭城县乡村旅游资源开发价值评价[J]．桂林理工大学学报，2020，40(2)：443-449.

[118]温薇．黑龙江省跨区域生态补偿协调机制研究[D]．东北林业大学博士

学位论文，2019．

[119]吴丽云．旅游循环经济的动力机制研究——"蟹岛模式"剖析[J]．安徽农业科学，2009，37(16)：7679-7681．

[120]吴耀宇．浅论盐城海滨湿地自然保护区旅游生态补偿机制的构建[J]．特区经济，2011(2)：167-168．

[121]武少腾，付而康，李西．四川省乡村旅游可持续发展水平测度[J]．中国农业资源与区划，2019，40(7)：233-239．

[122]谢继全，程弘，陶雪松，等．甘肃省森林公园旅游资源价值综合定量评价研究[J]．甘肃林业科技，2004(3)：12-17．

[123]谢林武，周新成．粤北生态特别保护区生态补偿长效机制构建研究——以罗坑鳄蜥国家级自然保护区为例[J]．环境保护与循环经济，2021，41(3)：93-96．

[124]谢自强．政府干预理论与政府经济职能[M]．长沙：湖南大学出版社，2004．

[125]徐玖平，蒋洪强．企业环境成本计量的投入产出模型及其实证分析[J]．系统工程理论与实践，2003(11)：36-41．

[126]阎友兵，张普成．基于拥挤分析法遗产地旅游可持续发展研究——以布达拉宫景区为例[J]．哈尔滨商业大学学报(社会科学版)，2007(6)：91-93．

[127]颜文洪，张朝枝．旅游环境学[M]．北京：科学出版社，2005．

[128]杨成平，傅颜颜，刘贞文．中国海岛县(区)循环经济发展模式研究[J]．河北地质大学学报，2019，42(6)：68-74．

[129]杨桂华，陈海鹰，张一群，等．旅游生态补偿[M]．北京：科学出版社，2015．

[130]杨桂华．生态旅游可持续发展四维目标模式探析[J]．人文地理，2005(5)：80-83．

[131]杨美霞，王敏．武陵源风景名胜区旅游循环经济体系建设研究[J]．商业研究，2009(2)：161-165．

[132]杨美霞．略论旅游循环经济体系的构筑[J]．经济论坛，2006(3)：56-58．

[133]杨勤业，张军涛，李春晖．可持续发展代际公平的初步研究[J]．地理研究，2000(2)：128-133．

[134]杨荣荣．黑龙江省旅游循环经济评价指标体系构建[J]．北方经济，2007(10)：20-22．

[135]叶全良.旅游资源价值链及其基因研究[J].财贸经济,2004(6):79-81.

[136]叶珊珊,张进德,潘莉,等.基于"绿色矿山"的矿区生态环境成本核算——以华北平原某矿区为例[J].金属矿山,2019(4):168-174.

[137]仪秀琴,姚强强.企业环境成本管理演化机理与研究展望[J].财会月刊,2019(1):56-61.

[138]尹贻梅,陆玉麒,刘志高.旅游企业集群:提升目的地竞争力新的战略模式[J].福建论坛(人文社会科学版),2004(8):22-25.

[139]余瑞祥.自然资源的成本与收益[M].武汉:中国地质大学出版社,2000.

[140]俞海山.可持续消费模式论[M].北京:经济科学出版社,2002.

[141]袁广达.我国工业行业生态环境成本补偿标准设计——基于环境损害成本的计量方法与会计处理[J].会计研究,2014(8):88-95+97.

[142]詹丽,阚如良.论文化旅游资源价值评估的理论基础与方法[J].三峡大学学报(人文社会科学版),2008(5):27-30.

[143]张彩红,薛伟,辛颖.玉舍国家森林公园康养旅游可持续发展因素分析[J].浙江农林大学学报,2020,37(4):769-777.

[144]张朝枝,杨继荣.基于可持续发展理论的旅游高质量发展分析框架[J].华中师范大学学报(自然科学版),2022,56(1):43-50.

[145]张东光,田金方.对环境成本与GDP调整问题的思考[J].价值工程,2006(7):26-29.

[146]张帆.环境与自然资源经济学[M].上海:上海人民出版社,1998.

[147]张丰.可持续发展中代际公平与折现率的经济学分析[J].经济科学,2002(3):121-128.

[148]张光升.《风景名胜区条例》实施手册——风景名胜区规划、开发、管理、保护利用及常见违法行为查处处罚指南[M].北京:中国旅游发展出版社,2006.

[149]张环宙,黄克己,吴茂英.基于博弈论视角的滨海文化旅游可持续发展研究——以普陀山为例[J].经济地理,2015,35(4):202-208.

[150]张机.旅游开发中社会公平及其维度的逻辑框架构建[J].旅游导刊,2017,1(5):1-16+112.

[151]张丽翠.循环经济理念下乡村旅游资源的开发与运用[J].山西煤炭管理干部学院学报,2016,29(4):190-191.

[152]张利，蔡诚功，杜俊儒，等."双碳"目标下煤炭企业环境成本核算与应用探析——基于作业成本法核算原则[J].财会通讯，2022(4)：170-176.

[153]张良泉，唐文跃，李文明.地方依恋视角下红色旅游资源的游憩价值评估——以韶山风景区为例[J].经济地理，2022，42(4)：230-239.

[154]张胜，毛显强.提升人文旅游资源价值的环境经济政策分析——以世界文化遗产平遥古城为例[J].中国人口·资源与环境，2003(5)：71-75.

[155]张琰.区域旅游环境成本管理问题探讨[J].财会通讯，2016(20)：76-78.

[156]张一群，杨桂华.对旅游生态补偿内涵的思考[J].生态学杂志，2012，31(2)：477-482.

[157]张一群.国家公园旅游生态补偿——以云南为例[M].北京：科学出版社，2016.

[158]张颖.绿色核算[M].北京：中国环境科学出版社，2001.

[159]张勇，阮平南."代际公平"问题的测定和对策研究[J].科学管理研究，2005(4)：25-28.

[160]张毓峰，张梦，胡雯.都市旅游可持续发展：一个理论分析框架[J].财经科学，2009(2)：116-124.

[161]张岳军，侯志强，陈金华.厦门环城游憩带的定位及其旅游资源价值评价研究[J].北京第二外国语学院学报，2010，32(5)：59-64+85.

[162]张云，李国平.环境成本：经济学与环境科学的融合点[J].人文杂志，2004(2)：66-71.

[163]赵文清，贾慧敏，钱周信.旅游资源价值评估与竞争力创新研究——安徽省旅游资源价值与竞争力实证分析[J].安徽工业大学学报(社会科学版)，2006(4)：36-38.

[164]赵新宇.论代际公平视角下不可再生资源利用的外部性[J].当代经济研究，2008(11)：33-36.

[165]赵玉芝.循环经济视角下河南省沿黄区域生态旅游发展对策研究[J].黄河科技学院学报，2021，23(11)：74-77.

[166]甄国红，张天蔚.基于价值链的企业环境成本控制[J].税务与经济，2014(2)：57-62.

[167]甄翌，康文星.两种旅游可持续发展评价方法比较研究[J].生态经济，2008a(10)：101-103+112.

[168]甄翌，康文星.生态足迹模型在区域旅游可持续发展评价中的改进[J].

生态学报, 2008b(11): 5401-5409.

[169]郑苗. 乡村振兴视域下乡村旅游可持续发展探析[J]. 山西农经, 2024(17): 183-186.

[170]郑四渭, 贝勇斌. 非物质文化旅游资源价值补偿运行机制初探[J]. 桂林旅游高等专科学校学报, 2007(6): 795-797+802.

[171]中国科学院可持续发展研究组. 2001 中国可持续发展战略报告[M].北京: 科学出版社, 2001.

[172]中国生态补偿机制与政策研究课题组. 中国生态补偿机制与政策研究[M].北京: 科学出版社, 2007.

[173]中国 21 世纪议程——中国 21 世纪人口、环境与发展白皮书[M]. 北京: 中国环境科学出版社, 1994.

[174]钟大能. 西部少数民族地区生态环境建设进程与其财政补偿机制的形成[M]. 北京: 经济科学出版社, 2008.

[175]钟林生, 郑群明, 刘敏. 世界生态旅游地理[M]. 北京: 中国林业出版社, 2006.

[176]朱东国, 马伟. 家庭代际支持对中国老年人旅游的影响研究[J]. 湘潭大学学报(哲学社会科学版), 2023, 47(3): 44-51.

[177]朱菲, 杨文娟, 明庆忠, 等. 发展旅游循环经济重点领域的遴选体系构建初步研究[J]. 北京第二外国语学院学报, 2008(3): 12-17.

[178]朱松节, 刘龙娣. 江南古镇旅游可持续发展的困境与对策——以周庄古镇为例[J]. 鸡西大学学报, 2011, 11(2): 55-56.

[179]朱伟. 旅游经济学(第 2 版)[M]. 武汉: 华中科技大学出版社, 2021.

[180]邹佰峰, 刘经纬. 森林资源代际补偿理论基础及可行性路径选择[J].学术交流, 2015(9): 117-122.